零基础
成长为造价高手系列——

建筑工程造价

主编 钟 华

参编 陈巧玲 罗 艳 魏海宽
王晓芳 计富元

机械工业出版社
CHINA MACHINE PRESS

本书结合新定额与新清单及相关规范，按照专业工程造价的工作流程分步骤编排内容。将上岗基础知识、专业识图、工程造价计算、软件操作等内容按顺序编写，可帮助刚入行人员与上岗实现"零距离"，使读者快速掌握造价相关专业内容，学会计算方法。

本书共分十章，内容主要包括造价人员职业制度与职业生涯、工程造价管理相关法律法规与制度、建筑工程施工工艺、建筑工程识图、建筑工程造价构成与计价、建筑工程工程量的计算、建筑工程定额计价、建筑工程清单计价、建筑工程造价软件的应用、建筑工程综合计算实例。

本书既可作为相关培训机构的教材，也可供相关专业院校师生参考与使用。

图书在版编目（CIP）数据

建筑工程造价/钟华主编 . —北京：机械工业出版社，2021.4（2022.7 重印）
（零基础成长为造价高手系列）
ISBN 978-7-111-67792-5

Ⅰ. ①建… Ⅱ. ①钟… Ⅲ. ①建筑工程 – 工程造价
Ⅳ. ①TU723. 3

中国版本图书馆 CIP 数据核字（2021）第 049781 号

机械工业出版社（北京市百万庄大街 22 号　邮政编码 100037）
策划编辑：张　晶　责任编辑：张　晶　张大勇
责任校对：刘时光　封面设计：张　静
责任印制：任维东
北京富博印刷有限公司印刷
2022 年 7 月第 1 版第 3 次印刷
184mm×260mm · 15 印张 · 396 千字
标准书号：ISBN 978-7-111-67792-5
定价：59.00 元

电话服务　　　　　　　　　网络服务
客服电话：010-88361066　　机 工 官 网：www. cmpbook. com
　　　　　010-88379833　　机 工 官 博：weibo. com/cmp1952
　　　　　010-68326294　　金 书 网：www. golden-book. com
封底无防伪标均为盗版　机工教育服务网：www. cmpedu. com

前 言
Preface

　　随着我国国民经济的发展，建筑工程已经成为当今很有活力的一个行业。民用、工业及公共建筑如雨后春笋般在全国各地拔地而起，伴随着建筑施工技术的不断发展和成熟，建筑产品在品质、功能等方面有了更高的要求。建筑工程队伍的规模也日益扩大，大批从事建筑行业的人员迫切需要提高自身专业素质及专业技能。

　　本书是"零基础成长为造价高手系列"丛书之一，结合了新的考试制度与法律法规，全面、细致地介绍了建筑工程造价专业技能、岗位职责及要求，帮助工程造价人员迅速进入职业状态、掌握职业技能。

　　本书内容的编写，由浅及深，循序渐进，适合不同层次的读者。在表达上运用了思维导图，简明易懂、灵活新颖，重点知识双色块状化，杜绝了枯燥乏味的讲述，让读者一目了然。

　　本套丛书共五分册，分别为：《建筑工程造价》《安装工程造价》《市政工程造价》《装饰装修工程造价》《建筑电气工程造价》。

　　为了使广大工程造价工作者和相关工程技术人员更深入地理解新规范，本书涵盖了新定额和新清单相关内容，详细地介绍了造价相关知识，注重理论与实际的结合，以实例的形式将工程量如何计算等具体内容进行了系统的阐述和详细的解说，并运用图表的格式清晰地展现出来，针对性很强，便于读者有目标的学习。

　　本书可作为相关专业院校的教学教材，也可作为培训机构学员的辅导材料。

　　本书在编写的过程中，参考了大量的文献资料。为了编写方便，对于所引用的文献资料并未一一注明，谨在此向原作者表示诚挚的敬意和谢意。

　　由于编者水平有限，疏漏之处在所难免，恳请广大同仁及读者批评指正。

编　者

C目录
ontents

第一章 造价人员职业制度与职业生涯

第一节 造价人员资格制度及考试办法

一、造价工程师概念

造价工程师，是指通过全国统一考试取得中华人民共和国造价工程师职业资格证书，并经注册后从事建设工程造价业务活动的专业技术人员，如图1-1所示。

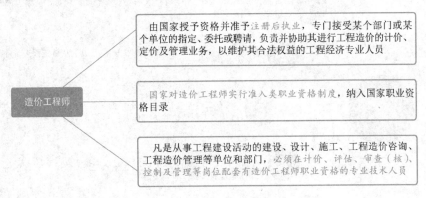

造价工程师 ── 由国家授予资格并准予注册后执业，专门接受某个部门或某个单位的指定、委托或聘请，负责并协助其进行工程造价的计价、定价及管理业务，以维护其合法权益的工程经济专业人员

国家对造价工程师实行准入类职业资格制度，纳入国家职业资格目录

凡是从事工程建设活动的建设、设计、施工、工程造价咨询、工程造价管理等单位和部门，必须在计价、评估、审查（核）、控制及管理等岗位配套有造价工程师职业资格的专业技术人员

图1-1 造价工程师的概念

二、造价工程师职业资格制度

造价工程师分为一级造价工程师和二级造价工程师。由住房和城乡建设部、交通运输部、水利部、人力资源和社会保障部共同制定造价工程师职业资格制度，并按照职责分工负责造价工程师职业资格制度的实施与监管。

一级造价工程师职业资格考试全国统一大纲、统一命题、统一组织。二级造价工程师职业资格考试全国统一大纲，各省、自治区、直辖市自主命题并组织实施。一级和二级造价工程师职业资格考试均设置基础科目和专业科目。

（1）凡遵守中华人民共和国宪法、法律、法规，具有良好的业务素质和道德品行，具备下列条件之一者，可以申请参加一级造价工程师职业资格考试，如图1-2所示。

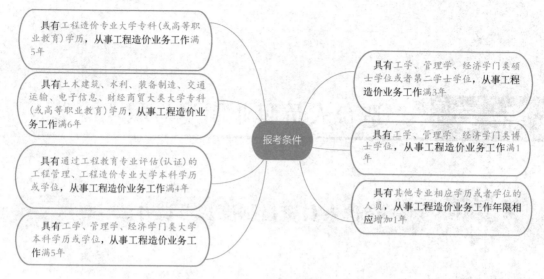

图 1-2　一级造价工程师报考条件

（2）凡遵守中华人民共和国宪法、法律、法规，具有良好的业务素质和道德品行，具备下列条件之一者，可以申请参加二级造价工程师职业资格考试，如图 1-3 所示。

图 1-3　二级造价工程师全科报考条件

（3）关于造价员证书的规定。

1）根据《造价工程师职业资格制度规定》，该规定印发之前取得的全国建设工程造价员资格证书、公路水运工程造价人员资格证书以及水利工程造价工程师资格证书，效用不变。

2）专业技术人员取得一级造价工程师、二级造价工程师职业资格，可认定其具备工程师、助理工程师职称，并可作为申报高一级职称的条件。

3）根据《造价工程师职业资格制度规定》，该规定自印发之日起施行。原人事部、原建设部发布的《造价工程师执业资格制度暂行规定》（人发〔1996〕77 号）同时废止。根据该暂行规定取得的造价工程师执业资格证书与本规定中一级造价工程师职业资格证书效用等同。

三、造价工程师职业资格考试

造价工程师职业资格考试专业科目分为土木建筑工程、交通运输工程、水利工程和安装工程4个专业类别，考生在报名时可根据实际工作需要选择其一。其中，土木建筑工程、安装工程专业由住房和城乡建设部负责；交通运输工程专业由交通运输部负责；水利工程专业由水利部负责。

一级造价工程师职业资格考试成绩实行4年为一个周期的滚动管理办法，在连续的4个考试年度内通过全部考试科目，方可取得一级造价工程师职业资格证书。二级造价工程师职业资格考试成绩实行2年为一个周期的滚动管理办法，参加全部2个科目考试的人员必须在连续的2个考试年度内通过全部科目，方可取得二级造价工程师职业资格证书。

一级造价工程师职业资格考试分4个半天进行。《建设工程造价管理》《建设工程技术与计量》《建设工程计价》科目的考试时间均为2.5小时，《建设工程造价案例分析》科目的考试时间为4小时（图1-4）。二级造价工程师职业资格考试分2个半天。《建设工程造价管理基础知识》科目的考试时间为2.5小时，《建设工程计量与计价实务》为3小时（图1-5）。

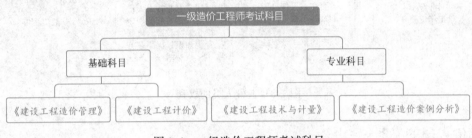

图1-4　一级造价工程师考试科目

图1-5　二级造价工程师考试科目

（1）具有以下条件之一的，参加一级造价工程师考试可免考基础科目，如图1-6所示。

（2）具有以下条件之一的，参加二级造价工程师考试可免考基础科目，如图1-7所示。

图1-6　一级造价工程师考试可免考基础科目　　　图1-7　二级造价工程师考试可免考基础科目

第二节　造价人员的权利、义务、执业范围及职责

一、造价人员的权利

造价人员的权利应有以下几种，如图 1-8 所示。

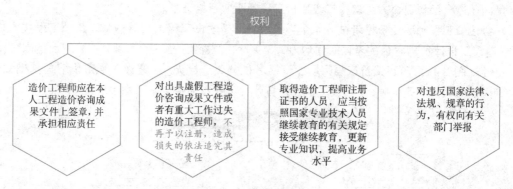

图 1-8　造价人员的权利

二、造价人员的义务

造价人员应履行的义务包括以下几种，如图 1-9 所示。

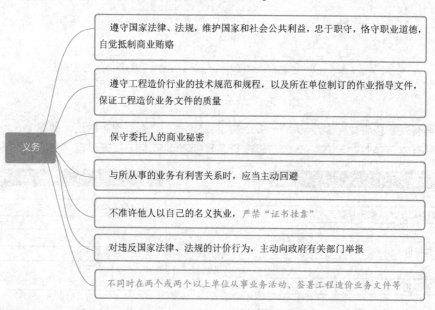

图 1-9　造价人员的义务

三、造价人员的执业范围

（1）一级造价工程师的执业范围包括建设项目全过程的工程造价管理与咨询等，具体工作内容，如图 1-10 所示。

（2）二级造价工程师主要协助一级造价工程师开展相关工作，可独立开展以下具体工作，如图 1-11 所示。

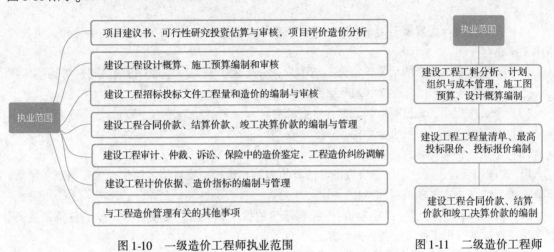

执业范围
项目建议书、可行性研究投资估算与审核，项目评价造价分析
建设工程设计概算、施工预算编制和审核
建设工程招标投标文件工程量和造价的编制与审核
建设工程合同价款、结算价款、竣工决算价款的编制与管理
建设工程审计、仲裁、诉讼、保险中的造价鉴定，工程造价纠纷调解
建设工程计价依据、造价指标的编制与管理
与工程造价管理有关的其他事项

图 1-10　一级造价工程师执业范围

执业范围
建设工程工料分析、计划、组织与成本管理，施工图预算、设计概算编制
建设工程工程量清单、最高投标限价、投标报价编制
建设工程合同价款、结算价款和竣工决算价款的编制

图 1-11　二级造价工程师执业范围

四、造价人员的岗位职责

造价人员的岗位职责如图 1-12 所示。

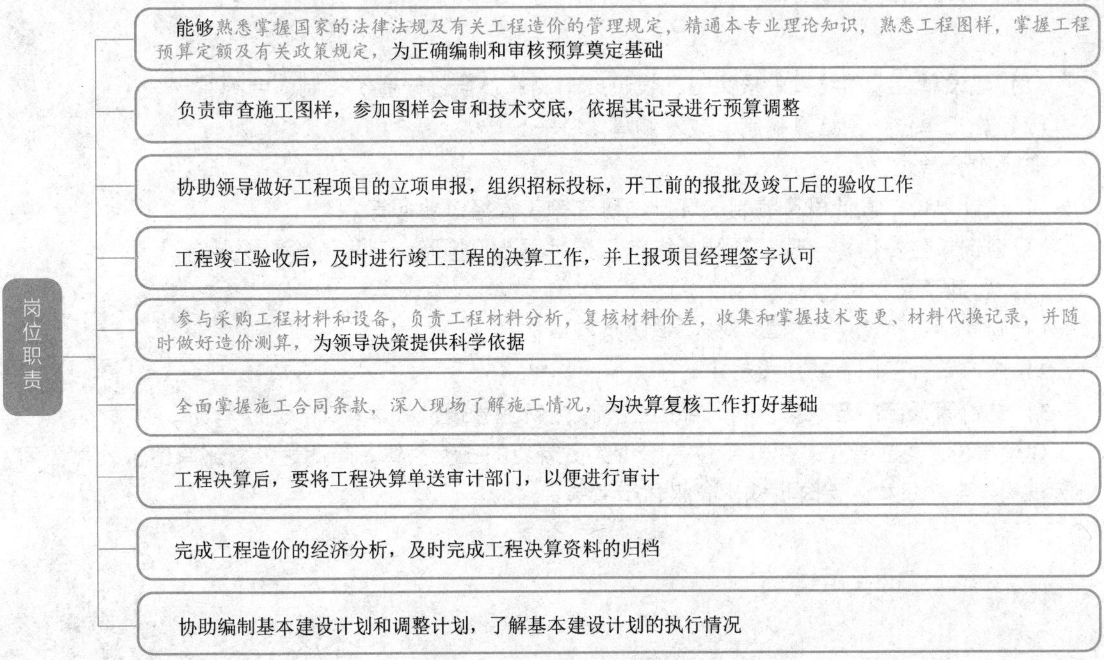

岗位职责
能够熟悉掌握国家的法律法规及有关工程造价的管理规定，精通本专业理论知识，熟悉工程图样，掌握工程预算定额及有关政策规定，为正确编制和审核预算奠定基础
负责审查施工图样，参加图样会审和技术交底，依据其记录进行预算调整
协助领导做好工程项目的立项申报，组织招标投标，开工前的报批及竣工后的验收工作
工程竣工验收后，及时进行竣工工程的决算工作，并上报项目经理签字认可
参与采购工程材料和设备，负责工程材料分析，复核材料价差，收集和掌握技术变更、材料代换记录，并随时做好造价测算，为领导决策提供科学依据
全面掌握施工合同条款，深入现场了解施工情况，为决算复核工作打好基础
工程决算后，要将工程决算单送审计部门，以便进行审计
完成工程造价的经济分析，及时完成工程决算资料的归档
协助编制基本建设计划和调整计划，了解基本建设计划的执行情况

图 1-12　造价人员岗位职责

<table><tr><td>第三节</td><td>造价人员的职业生涯</td></tr></table>

一、造价人员的从业前景

（1）建筑工程行业发展迅猛，国家给予优惠政策，经济收益乐观，从事相关单位和人员技能水平要求高。

（2）需要造价工程师的相关单位分布范围广，分土建、安装、装饰、市政、园林等造价工程师。企业人才需求量大，专业技术人员难觅。

（3）考证难度高、通过率低，证书含金量颇高。

（4）薪资待遇高，发展机会广阔。

（5）造价工程师执业方向：

1）建设项目建议书、可行性研究投资估算的编制和审核，项目经济评价，工程概算、预算、结算、竣工结（决）算的编制和审核。

2）工程量清单、标底（或控制价）、投标报价的编制和审核，工程合同价款的签订及变更、调整、工程款支付与工程索赔费用的计算。

3）建设项目管理过程中设计方案的优化、限额设计等工程造价分析与控制，工程保险理赔的核查。

4）工程经济纠纷的鉴定。

二、造价人员的从业岗位

（1）建设单位：预结算审核岗位、投资成本测算、全过程造价控制、合约管理。

（2）施工单位：预结算编制、成本测算。

（3）中介单位：

1）设计单位：设计概算编制、可行性研究等工程经济业务等。

2）咨询单位：招标代理、预结算编审、全过程造价控制、工程造价纠纷鉴定。

（4）行政事业单位：

1）财政评审机构：预结算审核、基建财务审核。

2）政府审计部门：基建投资审计。

3）造价管理部门及教学、科研部门：行政或行业管理、教学教育、造价科研。

建设单位、施工单位、中介单位是造价人员就业的三大主体。除此之外，还有造价软件公司、出版机构、金额机构、保险机构、新媒体运营等。

第四节　造价人员的职业能力

一、造价人员应具备的职业能力

1. 专业技术能力

（1）掌握识图能力，是对造价人员的基本要求。

（2）熟悉工程技术，对施工工艺、软件运用等技术问题要熟悉，出现问题时能够及时处理。

（3）掌握工程造价技能。

1）建设各阶段造价操作与控制能力。尤其是招标投标、合同价确定、合同实施、合同结算几个阶段的操控能力。

2）掌握造价计价体系能力。目前主要有两种计价方式：定额计价与清单计价。

3）要有经济分析与总结能力。包括主要财务报表编制、依据财务报表进行相关经济技术评价、竣工结算后的固定资产结算财务报告等。

2. 语言、文字表达能力

作为造价人员，要用言简意赅、逻辑清晰的语言、文字把复杂的问题表达清楚。比如合同管理、概预算编审报告的编制、各类报告文件的草拟，均需要造价人员有较强的文字表达与处理能力。不仅为了让自己看明白，也能更好地传递给他人。

3. 与他人沟通、相处能力

在做好本职工作的同时，也要善于和他人沟通、相处。比如工程结算对账、工程造价鉴定和材料询价等工作需要与对方沟通、交流，达成一致意见。造价不是一个闭门造车的工作，沟通是处理问题最直接、最有效的方式。

二、造价人员职业能力的提升

造价人员职业能力的提升如图 1-13 所示。

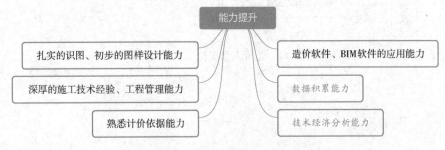

图 1-13　造价人员职业能力提升

第五节　造价人员岗位工作流程

由于建设单位、施工单位和咨询单位等单位的工程实施阶段不同，其工作流程也不同，下面列举咨询单位造价人员岗位工作流程，如图1-14所示。

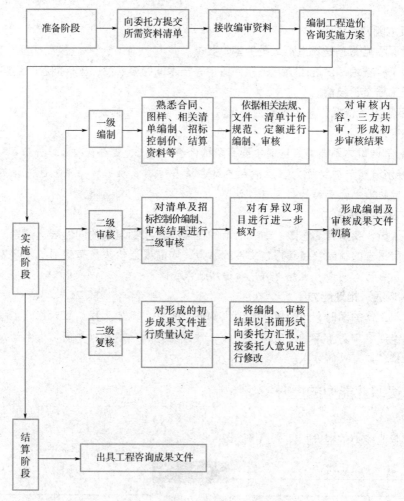

图1-14　造价人员岗位工作流程图

第二章 工程造价管理相关法律法规与制度

第一节 工程造价管理相关法律法规

一、建筑法

《中华人民共和国建筑法》（以下简称《建筑法》）主要适用于各类房屋建筑及其附属设施的建造和与其配套的线路、管道、设备的安装活动。关于《建筑法》的规定可分为建筑许可、建筑工程发包与承包、建筑工程监理、建筑安全生产管理和建筑工程质量管理，此规定也适用于其他建设工程，如图2-1所示。

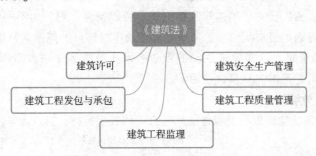

图2-1 《建筑法》规定的划分

1. 建筑许可

建筑许可包括建筑工程施工许可和从业资格两个方面。

（1）建筑工程施工许可。

1）施工许可证的申领。除国务院建设行政主管部门确定的限额以下的小型工程外，建筑工程开工前，建设单位应当按照国家有关规定向工程所在地县级以上人民政府建设行政主管部门申请领取施工许可证。按照国务院规定的权限和程序批准开工报告的建筑工程，不再领取施工许可证。

申请领取施工许可证，应当具备以下条件，如图2-2所示。

2）施工许可证的有效期限。建设单位应当自领取施工许可证之日起3个月内开工。因故不能按期开工的，应当向发证机关申请延期；延期以两次为限，每次不超过3个月。既不开工又不申请延期或者超过延期时限的，施工许可证自行废止。

3）中止施工和恢复施工。在建的建筑工程因故中止施工的，建设单位应当自中止施工之日起1个月内，向发证机关报告，并按照规定做好建设工程的维护管理工作。

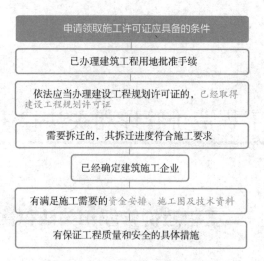

图 2-2   申领施工许可证的条件

建筑工程恢复施工时，应当向发证机关报告；中止施工满 1 年的工程恢复施工前，建设单位应当报发证机关核验施工许可证。

按照国务院有关规定批准开工报告的建筑工程，因故不能按期开工或者中止施工的，应当及时向批准机关报告情况。因故不能按期开工超过 6 个月的，应当重新办理开工报告的批准手续。

（2）从业资格。

1）单位资质。从事建筑活动的施工企业、勘察、设计和监理单位，按照其拥有的注册资本、专业技术人员、技术装备、已完成的建筑工程业绩等资质条件，划分为不同的资质等级，经资质审查合格，取得相应等级的资质证书后，方可在其资质等级许可的范围内从事建筑活动。

2）专业技术人员资格。从事建筑活动的专业技术人员应当依法取得相应的执业资格证书，并在执业资格证书许可的范围内从事建筑活动。

2. 建筑工程发包与承包

（1）建筑工程发包。建筑工程发包包括发包方式和禁止行为，其规定如图 2-3 所示。

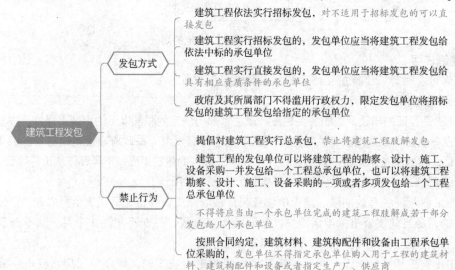

图 2-3   建筑工程发包的规定

（2）建筑工程承包。关于建筑工程承包的规定如图2-4所示。

建筑工程承包

- **承包资质**
  - 承包建筑工程的单位应当持有依法取得的资质证书，并在其资质等级许可的业务范围内承揽工程
  - 禁止建筑施工企业超越本企业资质等级许可的业务范围或者以任何形式用其他建筑施工企业的名义承揽工程
  - 禁止建筑施工企业以任何方式允许其他单位或个人使用本企业的资质证书、营业执照，以本企业的名义承揽工程

- **联合承包**
  - 大型建筑工程或结构复杂的建筑工程，可以由两个以上的承包单位联合共同承包
  - 共同承包的各方对承包合同的履行承担连带责任
  - 两个以上不同资质等级的单位实行联合共同承包的，应当按照资质等级低的单位的业务许可范围承揽工程

- **工程分包**
  - 建筑工程总承包单位可以将承包工程中的部分工程发包给具有相应资质条件的分包单位。但是，除总承包合同中已约定的分包外，必须经建设单位认可
  - 施工总承包的，建筑工程主体结构的施工必须由总承包单位自行完成
  - 建筑工程总承包单位按照总承包合同的约定对建设单位负责；分包单位按照分包合同的约定对总承包单位负责
  - 总承包单位和分包单位就分包工程对建设单位承担连带责任

- **禁止行为**
  - 禁止承包单位将其承包的全部建筑工程转包给他人，或将其承包的全部建筑工程肢解以后以分包的名义分别转包给他人
  - 禁止总承包单位将工程分包给不具备资质条件的单位。禁止分包单位将其承包的工程再分包

- **建筑工程造价**
  - 建筑工程的发包单位与承包单位应当依法订立书面合同，明确双方的权利和义务
  - 建筑工程造价应当按照国家有关规定，由发包单位与承包单位在合同中约定
  - 发包单位和承包单位应当全面履行合同约定的义务。不按照合同约定履行义务的，依法承担违约责任。发包单位应当按照合同约定，及时拨付工程款项

图 2-4 建筑工程承包的规定

3. 建筑工程监理

国家推行的建筑工程监理制度如图2-5所示。

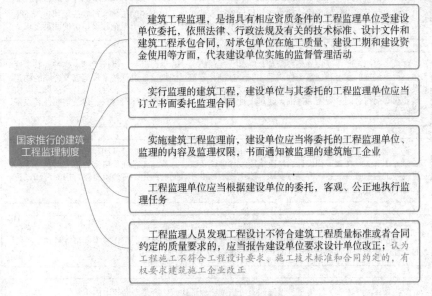

国家推行的建筑工程监理制度

- 建筑工程监理，是指具有相应资质条件的工程监理单位受建设单位委托，依照法律、行政法规及有关的技术标准、设计文件和建筑工程承包合同，对承包单位在施工质量、建设工期和建设资金使用等方面，代表建设单位实施的监督管理活动
- 实行监理的建筑工程，建设单位与其委托的工程监理单位应当订立书面委托监理合同
- 实施建筑工程监理前，建设单位应当将委托的工程监理单位、监理的内容及监理权限，书面通知被监理的建筑施工企业
- 工程监理单位应当根据建设单位的委托，客观、公正地执行监理任务
- 工程监理人员发现工程设计不符合建筑工程质量标准或者合同约定的质量要求的，应当报告建设单位要求设计单位改正；认为工程施工不符合工程设计要求、施工技术标准和合同约定的，有权要求建筑施工企业改正

图 2-5 国家推行的建筑工程监理制度

4. 建筑安全生产管理

建筑安全生产管理应遵循以下规定，如图 2-6 所示。

建筑工程安全生产管理

必须坚持安全第一、预防为主的方针，建立健全安全生产的责任制度和群防群治制度

建筑工程设计应当符合按照国家规定制定的建筑安全规程和技术规范，保证工程的安全性能。建筑施工企业在编制施工组织设计时，应当根据建筑工程的特点制订相应的安全技术措施；对专业性较强的工程项目，应该编制专项安全施工组织设计，并采取安全技术措施

建筑施工企业应在施工现场采取维护安全、防范危险、预防火灾等措施；有条件的，应当对施工现场实行封闭管理。施工现场对毗邻的建筑物、构筑物和特殊作业环境可能造成损害的，建筑施工企业应当采取措施加以保护

施工现场安全由建筑施工企业负责。实行施工总承包的，由总承包单位负责。分包单位向总承包单位负责，服从总承包单位对施工现场的安全生产管理。鼓励企业为从事危险作业的职工办理意外伤害保险，支付保险费

涉及建筑主体和承重结构变动的装修工程，建设单位应当在施工前委托原设计单位或者具备相应资质条件的设计单位提出设计方案；没有设计方案的，不得施工。房屋拆除应当由具备保证安全条件的建筑施工单位承担，由建筑施工单位负责人对安全负责

图 2-6　建筑安全生产管理制度

5. 建筑工程质量管理

关于建筑工程质量管理的制度如图 2-7 所示。

建筑工程质量管理

建设单位不得以任何理由，要求建筑设计单位或建筑施工单位违反法律、行政法规和建筑工程质量、安全标准，降低工程质量，建筑设计单位和建筑施工单位应当拒绝建设单位的此类要求

建筑工程的勘察、设计单位必须对其勘察、设计的质量负责。勘察、设计文件应当符合有关法律、行政法规的规定和建筑工程质量、安全标准，建筑工程勘察、设计技术规范以及合同的约定。设计文件选用的建筑材料、建筑构配件和设备，应当注明其规格、型号、性能等技术指标，其质量要求必须符合国家规定的标准。建筑设计单位对设计文件选用的建筑材料、建筑构配件和设备，不得指定生产厂、供应商

建筑施工企业对工程的施工质量负责。建筑施工企业必须按照工程设计图样和施工技术标准施工，不得偷工减料。工程设计的修改由原设计单位负责，建筑施工企业不得擅自修改工程设计。建筑施工企业必须按照工程设计要求、施工技术标准和合同的约定，对建筑材料、构配件和设备进行检验，不合格的不得使用

建筑工程竣工经验收合格后，方可交付使用；未经验收或验收不合格的，不得交付使用。交付竣工验收的建筑工程，必须符合规定的建筑工程质量标准，有完整的工程技术经济资料和经签署的工程保修书，并具备国家规定的其他竣工条件

建筑工程实行质量保修制度，保修期限应当按照保证建筑物合理寿命年限内正常使用，维护使用者合法权益的原则确定

图 2-7　建筑工程质量管理制度

二、民法典——合同

《中华人民共和国民法典》（以下简称《民法典》）中的合同是指平等主体的自然人、法人、非法人组织之间设立、变更、终止民事法律关系的协议。

《民法典》中所列的平等主体有三类，即：自然人、法人和非法人组织。

合同的组成一般可分为总则、分则和附则，如图2-8所示。

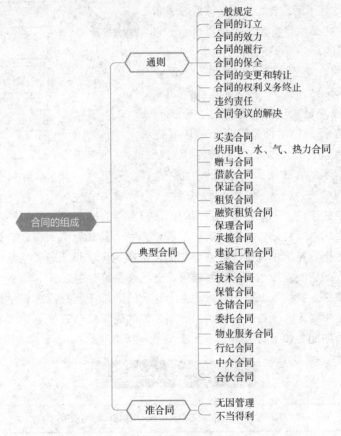

图 2-8 合同的组成

1. 合同的订立

当事人订立合同，应当具有相应的民事权利能力和民事行为能力。订立合同，必须以依法订立为前提，使所订立的合同成为双方履行义务、享有权利、受法律约束和请求法律保护的契约文书。

当事人依法可以委托代理人订立合同。所谓委托代理人订立合同是指当事人委托他人以自己的名义与第三人签订合同，并承担由此产生的法律后果的行为。

（1）合同的形式和内容

1）合同的形式。当事人订立合同，有书面形式、口头形式和其他形式。法律、行政法规规定采用书面形式的，应当采用书面形式。当事人约定采用书面形式的，应当采用书面形式。建设工程合同应当采用书面形式。

2）合同的内容。合同的内容是指当事人之间就设立、变更或者终止权利义务关系表示一致的意思。合同内容通常称为合同条款。

合同的内容由当事人约定，约定的合同条款如图2-9所示。

当事人可以参照各类合同的示范文本订立合同。

（2）合同订立的程序

1）要约。要约是希望和他人订立合同的意思表示。要约应当符合如下规定：

① 内容具体确定。

② 表明经受要约人承诺，要约人即受该意思表示约束。也就是说，要约必须是特定人的意思表示，必须是以缔结合同为目的，必须具备合同的主要条款。

有些合同在要约之前还会有要约邀请。所谓要约邀请是希望他人向自己发出要约的意思表示。要约邀请并不是合同成立过程中的必经过程，它是当事人订立合同的预备行为，这种意思表示的内容往往不确定，不含有合同得以成立的主要内容和相对人同意后受其约束的表示，在法律上无须承担责任。寄送的价目表、拍卖公告、招标公告、招股说明书、商业广告等都属于要约邀请。商业广告和宣传的内容符合要约规定的，视为要约。

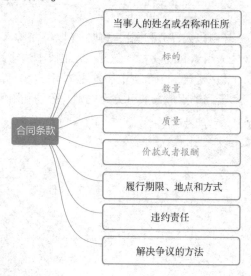

图 2-9 合同条款

要约的生效。要约以非对话方式做出的意思表示，到达受相对人时生效。如采用数据电文形式订立合同，相对人指定特定系统接收数据电文的，该数据电文进入该特定系统时生效；未指定特定系统的，相对人知道或者应当知道该数据电文进入其系统时生效。

要约的撤回和撤销。要约可以撤回，撤回意思表示的通知应当在意思表示到达相对人前或者与意思表示同时到达相对人。要约可以撤销，撤销要约的通知应当在受要约人发出承诺通知之前到达受要约人。但有如图2-10所示情行之一的，要约不得撤销。

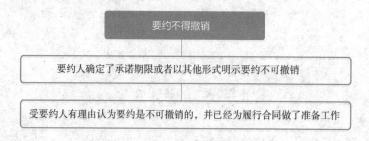

图 2-10 要约不得撤销

有如图2-11所示情形之一的，要约失效。

2）承诺。承诺是受要约人同意要约的意思表示。除根据交易习惯或者要约表明可以通过行为做出承诺的之外，承诺应当以通知的方式做出。

承诺的期限。承诺应当在要约确定的期限内到达要约人。要约没有确定承诺期限的，承诺应当依照下列规定到达：

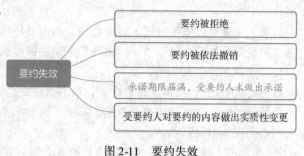

图 2-11 要约失效

① 除非当事人另有约定，以对话方式做出的要约，应当即时做出承诺。

② 以非对话方式做出的要约，承诺应当在合理期限内到达。

以信件或者电报做出的要约，承诺期限自信件载明的日期或者电报交发之日开始计算。信件未载明日期的，自投寄该信件的邮戳日期开始计算。以电话、传真等快递通信方式做出的要约，承诺期限自要约到达受要约人时开始计算。

承诺的生效。承诺通知到达要约人时生效。承诺不需要通知的，根据交易习惯或者要约的要求做出承诺的行为时生效。采用数据电文形式订立合同的，承诺到达的时间适用于要约到达受要约人时间的规定。

受要约人在承诺期限内发出承诺，按照通常情形能够及时到达要约人，但因其他原因承诺到达要约人时超过承诺期限的，除要约人及时通知受要约人因承诺超过期限不接受该承诺的以外，该承诺有效。

承诺的撤回。承诺可以撤回，撤回意思表示的通知应当在意思表示到达相对人前或者与意思表示同时到达相对人。

逾期承诺。受要约人超过承诺期限发出承诺的，除要约人及时通知受要约人该承诺有效的以外，为新要约。

要约内容的变更。承诺的内容应当与要约的内容一致。有关合同标的、数量、质量、价款或者报酬、履行期限、履行地点和方式、违约责任和解决争议方法等的变更，是对要约内容的实质性变更。受要约人对要约的内容做出实质性变更的，为新要约。

承诺对要约的内容做出非实质性变更的，除要约人及时表示反对或者要约表明承诺不得对要约的内容做出任何变更的以外，该承诺有效，合同的内容以承诺的内容为准。

（3）合同的成立　承诺生效时合同成立。

1）合同成立的时间。当事人采用合同书形式订立合同的，自双方当事人签字或者盖章时合同成立。当事人采用信件、数据电文等形式订立合同要求签订确认书的，签订确认书时合同成立。

2）合同成立的地点。承诺生效的地点为合同成立的地点。采用数据电文形式订立合同的，收件人的主营业地为合同成立的地点；没有主营业地的，其经常居住地为合同成立的地点。当事人另有约定的，按照其约定。当事人采用合同书形式订立合同的，双方当事人签字或者盖章的地点为合同成立的地点。

3）合同成立的其他情形如图 2-12 所示。

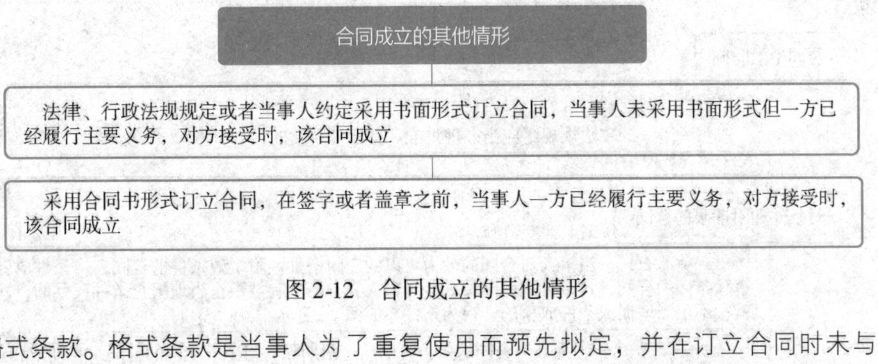

合同成立的其他情形

法律、行政法规规定或者当事人约定采用书面形式订立合同，当事人未采用书面形式但一方已经履行主要义务，对方接受时，该合同成立

采用合同书形式订立合同，在签字或者盖章之前，当事人一方已经履行主要义务，对方接受时，该合同成立

图 2-12　合同成立的其他情形

4）格式条款。格式条款是当事人为了重复使用而预先拟定，并在订立合同时未与对方协商的条款。

① 格式条款提供者的义务。采用格式条款订立合同，有利于提高当事人双方合同订立过程的

效率，减少交易成本，避免合同订立过程中因当事人双方一事一议而可能造成的合同内容的不确定性。但由于格式条款的提供者往往在经济地位方面具有明显的优势，在行业中居于垄断地位，因而导致其拟定格式条款时，会更多地考虑自己的利益，而较少考虑另一方当事人的权利或者附加种种限制条件。为此，提供格式条款的一方应当遵循公平的原则确定当事人之间的权利义务关系，并采取合理的方式提请对方注意免除或者限制其责任的条款，按照对方的要求，对该条款予以说明。

② 格式条款无效。提供格式条款一方免除自己责任、加重对方责任、限制对方主要权利的，该条款无效。此外，合同规定的合同无效的情形，同样适用于格式合同条款。

③ 格式条款的解释。对格式条款的理解发生争议的，应当按照通常理解予以解释。对格式条款有两种以上解释的，应当做出不利于提供格式条款一方的解释。格式条款和非格式条款不一致的，应当采用非格式条款。

5）缔约过失责任。缔约过失责任发生于合同不成立或者合同无效的缔约过程。其构成条件：一是当事人有过错。若无过错，则不承担责任。二是有损害后果的发生，若无损失，也不承担责任。三是当事人的过错行为与造成的损失有因果关系。

当事人订立合同过程中有如图 2-13 所示情形之一，给对方造成损失的，应当承担损害赔偿责任。

当事人在订立合同的过程中知悉的商业秘密，无论合同是否成立，不得泄露或者不正当地使用。泄露或者不正当地使用该商业秘密给对方造成损失的，应当承担损害赔偿责任。

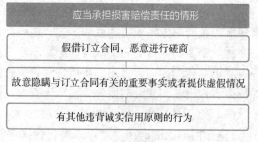

图 2-13　应当承担损害赔偿责任的情形

2. 合同的效力

（1）合同的生效　合同生效与合同成立是两个不同的概念。合同成立是指双方当事人依照有关法律对合同的内容进行协商并达成一致的意见。合同成立的判断依据是承诺是否生效。合同生效是指合同产生的法律效力，具有法律约束力。在通常情况下，合同依法成立之时，就是合同生效之日，二者在时间上是同步的。但有些合同在成立后，并非立即产生法律效力，而是需要其他条件成就之后，才开始生效。

关于合同生效时间、附条件和附期限的合同的规定如图 2-14 所示。

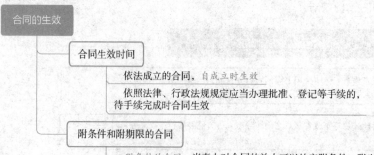

图 2-14　合同生效的规定

（2）效力待定合同　效力待定合同是指合同已经成立，但合同效力能否产生尚不能确定的合同。效力待定合同主要是由于当事人缺乏缔约能力、财产处分能力或代理人的代理资格和代理权限存在缺陷所造成的。效力待定合同包括限制民事行为能力人订立的合同和无权代理人代订的合同。

1）限制民事行为能力人订立的合同。根据我国《民法典》，限制民事行为能力人是指 8 周岁以上不满 18 周岁的未成年人，以及不能完全辨认自己行为的精神病人。限制民事行为能力人订立的合同，经法定代理人追认后，该合同有效，但纯获利益的合同或者与其年龄、智力、精神健康状况相适应而订立的合同，不必经法定代理人追认。

由此可见，限制民事行为能力人订立的合同并非一律无效，在如图 2-15 所示几种情形下订立的合同时有效的。

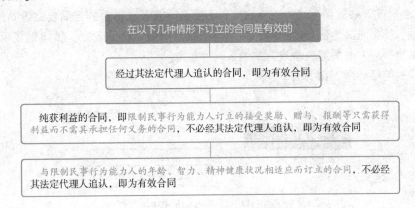

图 2-15　合同有效的情形

与限制民事行为能力人订立合同的相对人可以催告法定代理人在 1 个月内予以追认。法定代理人未做表示的，视为拒绝追认。合同被追认之前，善意相对人有撤销的权利。撤销应当以通知的方式做出。

2）无权代理人代订的合同。无权代理人订立的合同主要包括行为人没有代理权、超越代理权或者代理权终止后以被代理人的名义订立的合同。

① 无权代理人代订的合同对被代理人不发生效力的情形。行为人没有代理权、超越代理权或者代理权终止后以被代理人的名义订立的合同，未经被代理人追认，对被代理人不发生效力，由行为人承担责任。

与无权代理人签订合同的相对人可以催告被代理人自收到通知之日起三十日内予以追认。法定代理人未做表示的，视为拒绝追认。合同被追认之前，善意相对人有撤销的权利。撤销应当以通知的方式做出。

② 无权代理人代订的合同对被代理人具有法律效力的情形。行为人没有代理权、超越代理权或者代理权终止后以被代理人名义订立合同，相对人有理由相信行为人有代理权的，该代理行为有效。这是《民法典》针对表见代理情形所做出的规定。所谓表见代理是指善意相对人通过被代理人的行为足以相信无权代理人具有代理权的情形。

在通过表见代理订立合同的过程中，如果相对人无过错，即相对人不知道或者不应当知道（无义务知道）无权代理人没有代理权时，使相对人相信无权代理人具有代理权的理由是否正当、充分，就成为是否构成表见代理的关键。如果确实存在充分、正当的理由并足以使相对人相信无权代理人具有代理权，则无权代理人的代理行为有效，即无权代理人通过其表见代理行为与相对人订立的合同具有法律效力。

③ 法人或者非法人组织的法定代表人、负责人超越权限订立的合同的效力。法人或者非法人组织的负责人超越权限订立的合同，除相对人知道或者应当知道其超越权限的以外，该代表行为有效。这是因为法人或者非法人组织的负责人的身份应当被视为法人或者非法人组织的全权代理人，他们完全有资格代表法人或者其他组织为民事行为而不需要获得法人或者非法人组织的专门授权，其代理行为的法律后果由法人或者非法人组织承担。但是，如果相对人知道或者应当知道法人或者非法人组织的负责人在代表法人或者非法人组织与自己订立合同时超越其代表（代理）权限，仍然订立合同的，该合同将不具有法律效力。

（3）无效合同　无效合同是指合同内容或者形式违反了法律、行政法规的强制性规定和社会公共利益，因而不能产生法律约束力，不受法律保护的合同。

1）无效合同或者被撤销合同的法律后果。无效合同或者被撤销的合同自始没有法律约束力。合同部分无效、不影响其他部分效力的，其他部门仍然有效。合同无效、被撤销或者终止的，不影响合同中独立存在的有关解决争议方法的条款的效力。

无效合同的特征如图 2-16 所示。

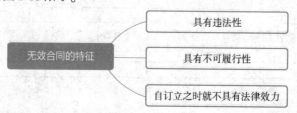

图 2-16　无效合同的特征

2）合同部分条款无效的情形如图 2-17 所示。

图 2-17　合同部分条款无效的情形

（4）可撤销的合同　可撤销合同是指欠缺一定的合同生效条件，但当事人一方可依照自己的意思使合同的内容得以变更或者使合同的效力归于消灭的合同。可变更、可撤销合同的效力取决于当事人的意思，属于相对无效的合同。当事人根据其意思，若主张合同有效，则合同有效；若主张合同无效，则合同无效；若主张合同变更，则合同可以变更。

合同可以撤销的情形。当事人一方有权请求人民法院或者仲裁机构变更或者撤销的合同如图 2-18所示。

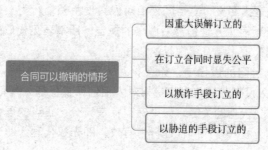

图 2-18　合同可以撤销的情形

3. 合同的保全

合同的保全是指法律为防止因债务人的财产不当减少或不增加而给债权人的债权带来损害，允许债权人行使撤销权或代位权，以保护其债权。

债权除专属于债务人自身的外，债权因债务人怠于行使其债权或者与该债权有关的从权利，影响债权人的到期债权实现的，债权人可以向人民法院请求以自己的名义代位行使债务人对相对人的权利，但是代位权的行使范围以债权人的到期债权为限。债权人行使代位权的必要费用，由债务人负担。

债权人的债权到期前，债务人的债权或者与该债权有关的从权利存在诉讼时效期间即将届满或者未及时申报破产债权等情形，影响债权人的债权实现的，债权人可以代位向债务人的相对人请求其向债务人履行、向破产管理人申报或者做出其他必要的行为。

代位权由人民法院认定成立，由债务人的相对人向债权人履行义务，债权人接受履行后，债权人与债务人、债务人与相对人之间相应的权利义务终止。债务人对相对人的债权或者与该债权有关的从权利被采取保全、执行措施，或者债务人破产的，依照相关法律的规定处理。

债务人以放弃其债权、放弃债权担保、无偿转让财产等方式无偿处分财产权益，或者恶意延长其到期债权的履行期限，影响债权人的债权实现的，债权人可以请求人民法院撤销债务人的行为。

债务人以明显不合理的低价转让财产、以明显不合理的高价受让他人财产或者为他人的债务提供担保，影响债权人的债权实现，债务人的相对人知道或者应当知道该情形的，债权人可以请求人民法院撤销债务人的行为。

撤销权的行使范围以债权人的债权为限。债权人行使撤销权的必要费用，由债务人负担。

有如图 2-19 所示情形之一的，撤销权消灭。

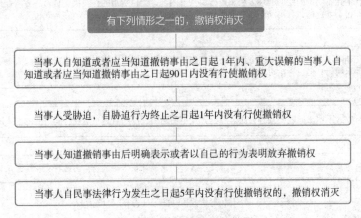

图 2-19　撤销权消灭的情形

4. 合同的履行

合同履行是指合同生效后，合同当事人为实现订立合同欲达到的预期目的而依照合同全面、适当地完成合同义务的行为。

（1）合同履行的原则

1）全面履行原则。当事人应当按照合同约定全面履行自己的义务，即当事人应当严格按照合同约定的标的、数量、质量，由合同约定的履行义务的主体在合同约定的履行期限、履行地点，按照合同约定的价款或者报酬、履行方式，全面地完成合同所约定的属于自己的义务。

全面履行原则不允许合同的任何一方当事人不按合同约定履行义务，擅自对合同的内容进行变更，以保证合同当事人的合法权益。

2）诚实信用原则。当事人应当遵循诚实信用原则，根据合同的性质、目的和交易习惯履行通知、协助、保密等义务。

（2）合同履行的一般规定

1）合同有关内容没有约定或者约定不明确问题的处理。合同生效后，当事人就质量、价款或者报酬、履行地点等内容没有约定或者约定不明确的，可以协议补充；不能达成补充协议的，按照合同有关条款或者交易习惯确定。

依照以上基本原则和方法仍不能确定合同有关内容的，应当按照如图 2-20 所示方法进行处理。

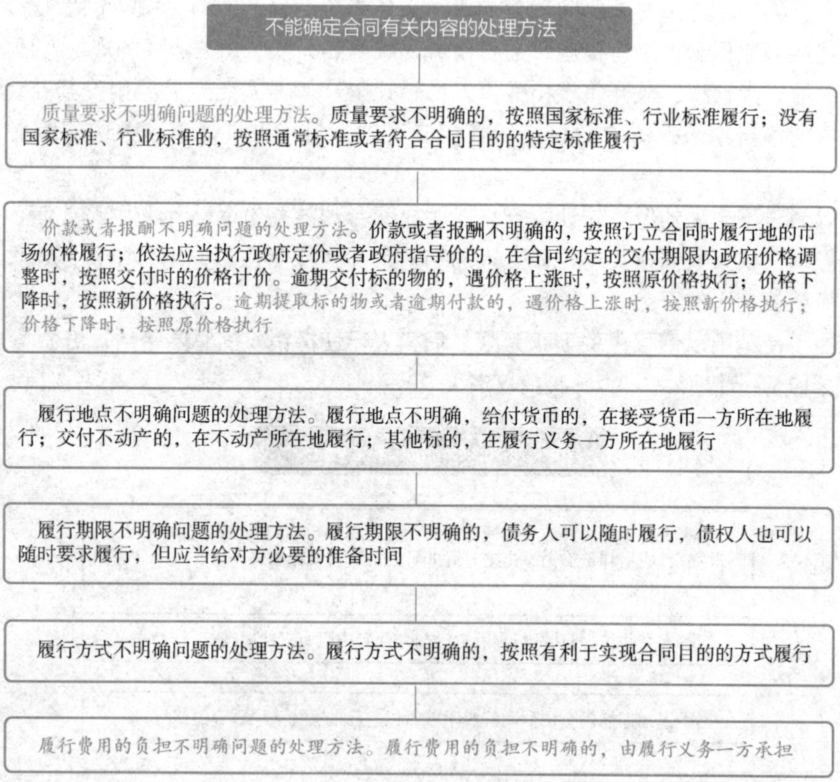

图 2-20　不能确定合同有关内容的处理方法

2）合同履行中的第三人。在通常情况下，合同必须由当事人亲自履行。但根据法律的规定或合同的约定，或者在与合同性质不相抵触的情况下，合同可以向第三人履行，也可以由第三人代为履行。向第三人履行合同或者由第三人代为履行合同，不是合同义务的转移，当事人在合同中的法律地位不变。

① 向第三人履行合同。当事人约定由债务人向第三人履行债务的，债务人未向第三人履行债务或者履行债务不符合约定，应当向债权人承担违约责任。

② 由第三人代为履行合同。当事人约定由第三人向债权人履行债务的，第三人不履行债务或

者履行债务不符合约定，债务人应当向债权人承担违约责任。

3）先履行债务的当事人，有确切证据证明对方有如图 2-21 所示情形之一的，可以中止履行。

4）合同生效后合同主体发生变化时的合同效力。合同生效后，当事人不得因姓名、名称的变更或者法定代表人、负责人、承办人的变动而不履行合同义务。因为当事人的姓名、名称只是作为合同主体的自然人、法人或者其他组织的符号，并非自然人、法人或者其他组织本身，其变更并未使原合同主体发生实质性变化，因而合同的效力也未发生变化。

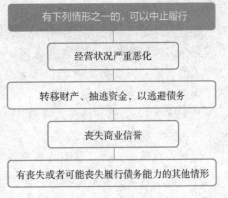

图 2-21 中止履行的情形

5. 合同的变更和转让

（1）合同的变更 合同的变更有广义和狭义之分。广义的合同变更是指合同法律关系的主体和合同内容的变更。狭义的合同变更仅指合同内容的变更，不包括合同主体的变更。

合同主体的变更是指合同当事人的变动，即原来的合同当事人退出合同关系而由合同以外的第三人替代，第三人成为合同的新当事人。合同主体的变更实质上就是合同的转让。合同内容的变更是指合同成立以后、履行之前或者在合同履行开始之后尚未履行完毕之前，合同当事人对合同内容的修改或者补充。《民法典》所指的合同变更是指合同内容的变更。

当事人协商一致，可以变更合同。

当事人对合同变更的内容约定不明确的，推定为未变更。

1）合同的变更须经当事人双方协商一致。如果双方当事人就变更事项达成一致意见，则变更后的内容取代原合同的内容，当事人应当按照变更后的内容履行合同。如果一方当事人未经对方同意就改变合同的内容，不仅变更的内容对另一方没有约束力，其做法还是一种违约行为，应当承担违约责任。

2）对合同变更内容约定不明确的推定。合同变更的内容必须明确约定。如果当事人对于合同变更的内容约定不明确，则将被推定为未变更。任何一方不得要求对方履行约定不明确的变更内容。

3）合同基础条件变化的处理。合同成立后，合同的基础条件发生了当事人在订立合同时无法预见的、不属于商业风险的重大变化，继续履行合同对于当事人一方明显不公平的，受不利影响的当事人可以与对方重新协商；在合理期限内协商不成的，当事人可以请求人民法院或者仲裁机构变更或者解除合同。

（2）合同的转让 合同转让是指合同一方当事人取得对方当事人同意后，将合同的权利义务全部或者部分转让给第三人的法律行为。合同的转让包括权利（债权）转让、义务（债务）转移和合同中权利和义务的一并转让三种情形。

1）合同债权转让。债权人可以将合同的权利全部或者部分转让给第三人，但如图 2-22 所示三种情形不得转让。当事人约定非金钱债权不得转让的，不得对抗善意第三人。当事人约定金钱债权不得转让的，不得对抗第三人。

债权人转让权利的，债权人应当通知债务人。未经通知，该转让对债务人不发生效力。除非经受让人同意，否则，债权人转让权利的通知不得撤销。

合同债权转让后，该债权由原债权人转移给受让人，受让人取代让与人（原债权人）成为新债权人，依附于主债权的从债权也一并移转给受让人，例如抵押权、留置权等，但专属于原债权人自身的从债权除外。

债务人转移债务的，新债务人可以主张原债务人对债务人的抗辩；原债务人对债权人享有债权的，新债务人不得向债权人主张抵销。

2）合同债务转移。债务人将债务全部或者部分转移给第三人的，应当经债权人同意。

债权人转移义务后，原债务人享有的对债权人的抗辩权也随债务转移而由新债务人享有，新债务人可以主张原债务人对债权人的抗辩。债务人转移业务的，新债务人应当承担与主债务有关的从债务，但该从债务专属于原债务人自身的除外。

3）合同权利义务的一并转让。当事人一方经对方同意，可以将自己在合同中的权利和义务一并转让给第三人。权利和义务一并转让的，适用上述有关债权转让和债务转移的有关规定。

此外，当事人订立合同后合并的，由合并后的法人或者其他组织行使合同权利，履行合同义务。当事人订立合同后分立的，除债权人和债务人另有约定的以外，由分立的法人或者其他组织对合同的权利和义务享有连带债权，承担连带债务。

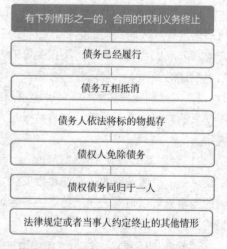

图 2-22 合同债权不得转让的情形

6. 合同的权利义务终止

（1）合同的权利义务终止的原因　合同的权利义务终止又称为合同的终止或者合同的消灭，是指因某种原因而引起的合同权利义务关系在客观上不复存在。

合同的权利义务终止的情形如图 2-23 所示。

债权人免除债务人部分或者全部债务的，合同的权利义务部分或者全部终止；债权和债务同归于一人的，合同的权利义务终止，但涉及第三人利益的除外。

合同的权利义务终止，不影响合同中结算和清理条款的效力。合同的权利义务终止后，当事人应当遵循诚实信用原则，根据交易习惯履行通知、协助、保密等义务。

（2）合同解除　合同解除是指合同有效成立后，在尚未履行或者尚未履行完毕之前，因当事人一方或者双方的意思表示而使合同的权利义务关系（债权债务关系）自始消灭或者向将来消灭的一种民事行为。

图 2-23 合同的权利义务终止的情形

合同解除后，尚未履行的，终止履行；已经履行的，根据履行情况和合同性质，当事人可以要求恢复原状、采取其他补救措施，并有权要求赔偿损失。

（3）标的物的提存　如图 2-24 所示。

标的物不适于提存或者提存费用过高的，债务人可以依法拍卖或者变卖标的物，提存所得的价款。

债权人可以随时领取提存物，但债权人对债务人负有到期债务的，在债权人未履行债务或提供担保之前，提存部门根据债务人的要求应当拒绝其领取提存物。

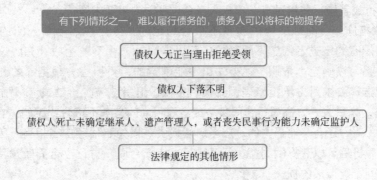

图 2-24　债务人可以将标的物提存的情形

债权人领取提存物的权利期限为 5 年，超过该期限，提存物扣除提存费用后归国家所有。

7. 违约责任

（1）**违约责任及其特点**　违约责任是指合同当事人不履行或者不适当履行合同义务所应承担的民事责任。当事人一方明确表示或者以自己的行为表明不履行合同义务的，对方可以在履行期限届满之前要求其承担违约责任。

违约责任的特点如图 2-25 所示。

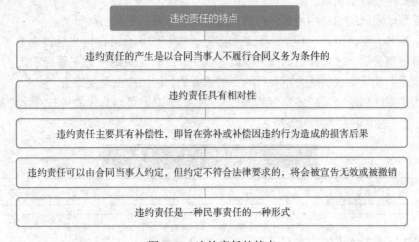

图 2-25　违约责任的特点

（2）**违约责任的承担**

1）违约责任的承担方式。当事人一方不履行合同义务或者履行合同义务不符合约定的，应当承担继续履行、采取补救措施或者赔偿损失等违约责任。

①继续履行。继续履行是指在合同当事人一方不履行合同义务或者履行合同义务不符合合同约定时，另一方合同当事人有权要求其在合同履行期限届满后继续按照原合同约定的主要条件履行合同义务的行为。继续履行是合同当事人一方违约时，其承担违约责任的首选方式。

A. 违反金钱债务时的继续履行。当事人一方未支付价款或者报酬的，对方可以要求其支付价款或者报酬。

B. 违反非金钱债务时的继续履行。当事人一方不履行非金钱债务或者履行非金钱债务不符合约定的，对方可以要求履行，但有下列情形之一的除外：法律上或者事实上不能履行；债务的标的不适于强制履行或者履行费用过高；债权人在合理期限内未要求履行。

② 采取补救措施。合同标的物的质量不符合约定的，应当按照当事人的约定承担违约责任。对违约责任没有约定或者约定不明确的，可以协议补充；不能达成补充协议的，按照合同有关条款或者交易习惯确定。依照上述办法仍不能确定的，受损害方根据标的性质以及损失的大小，可以合理选择要求对方承担修理、更换、重做、退货、减少价款或者报酬等违约责任。

③ 赔偿损失。当事人一方不履行合同义务或者履行合同义务不符合约定的，在履行义务或者采取补救措施后，对方还有其他损失的，应当赔偿损失。损失赔偿额应当相当于因违约所造成的损失，包括合同履行后可以获得的利益，但不得超过违反合同一方订立合同时预见到或者应当预见到的因违反合同可能造成的损失。

当事人一方违约后，对方应当采取适当措施防止损失的扩大；没有采取适当措施致使损失扩大的，不得就扩大的损失要求赔偿。当事人因防止损失扩大而支出的合理费用，由违约方承担。

经营者对消费者提供商品或者服务有欺诈行为的，依照《中华人民共和国消费者权益保护法》的规定承担损害赔偿责任。

④ 违约金。当事人可以约定一方违约时应当根据违约情况向对方支付一定数额的违约金，也可以约定因违约产生的损失赔偿额的计算方法。约定的违约金低于造成的损失的，当事人可以请求人民法院或者仲裁机构予以增加；约定的违约金过分高于造成的损失的，当事人可以请求人民法院或者仲裁机构予以适当减少。

当事人就延迟履行约定违约金的，违约方支付违约金后，还应当履行债务。

⑤ 定金。当事人可以依照《中华人民共和国担保法》约定一方向对方给付定金作为债权的担保。债务人履行债务后，定金应当抵作价款或者收回。给付定金的一方不履行约定的债务的，无权要求返还定金；收受定金的一方不履行约定的债务的，应当双倍返还定金。

当事人既约定违约金，又约定定金的，一方违约时，对方可以选择适用违约金或者定金条款。

2）违约责任的承担主体如图 2-26 所示。

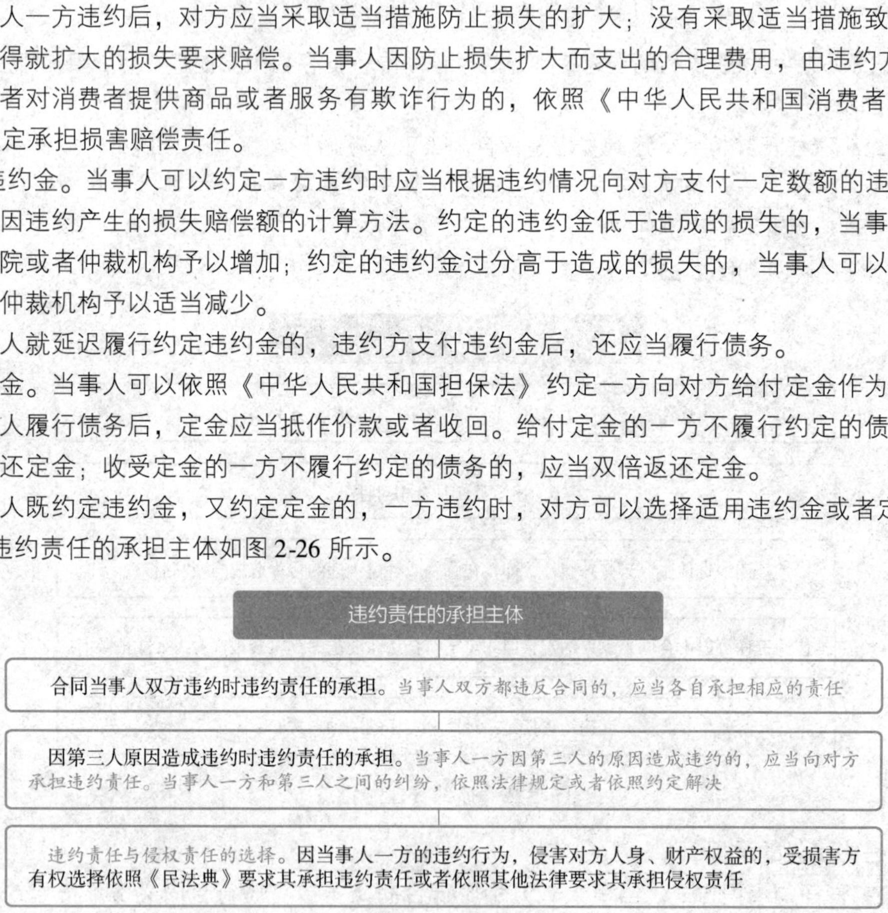

图 2-26　违约责任的承担主体

（3）不可抗力　不可抗力是指不能预见、不能避免并不能克服的客观情况。因不可抗力不能履行合同的，根据不可抗力的影响，部分或者全部免除责任，但法律另有规定的除外。当事人迟延履行后发生不可抗力的，不能免除责任。

当事人一方因不可抗力不能履行合同的，应当及时通知对方，以减轻给对方造成的损失，并应当在合理期限内提供证明。

8. 合同争议的解决

合同争议是指合同当事人之间对合同履行状况和合同违约责任承担等问题所产生的意见分歧。

合同争议的解决方式有和解、调解、仲裁或者诉讼。

（1）合同争议的和解与调解　和解与调解是解决合同争议的常用和有效方式。当事人可以通过和解或者调解解决合同争议。

1）和解。和解是指合同当事人之间发生争议后，在没有第三人介入的情况下，合同当事人双方在自愿、互谅的基础上，就已经发生的争议进行商谈并达成协议，自行解决争议的一种方式。和解方式简便易行，有利于加强合同当事人之间的协作，使合同能得到更好的履行。

2）调解。调解是指合同当事人于争议发生后，在第三者的主持下，根据事实、法律和合同，经过第三者的说服与劝解，使发生争议的合同当事人双方互谅、互让，自愿达成协议，从而公平、合理地解决争议的一种方式。

与和解相同，调解也具有方法灵活、程序简便、节省时间和费用、不伤害发生争议的合同当事人双方的感情等特征，而且由于有第三者的介入，可以缓解发生争议的合同双方当事人之间的对立情绪，便于双方较为冷静、理智地考虑问题。同时，由于第三者常常能够站在较为公正的立场上，较为客观、全面地看待、分析争议的有关问题并提出解决方案，从而有利于争议的公正解决。

参与调解的第三者不同，调解的性质也就不同。调解有民间调解、仲裁机构调解和法庭调解三种。

（2）合同争议的仲裁　仲裁是指发生争议的合同当事人双方根据合同中约定的仲裁条款或者争议发生后由其达成的书面仲裁协议，将合同争议提交给仲裁机构并由仲裁机构按照仲裁法律规范的规定居中裁决，从而解决合同争议的法律制度。当事人不愿协商、调解或协商、调解不成的，可以根据合同中的仲裁条款或事后达成的书面仲裁协议，提交仲裁机构仲裁。涉外合同当事人可以根据仲裁协议向中国仲裁机构或者其他仲裁机构申请仲裁。

根据《中华人民共和国仲裁法》，对于合同争议的解决，实行"或裁或审制"。即发生争议的合同当事人双方只能在"仲裁"或者"诉讼"两种方式中选择一种方式解决其合同争议。

仲裁裁决具有法律约束力。合同当事人应当自觉执行裁决。不执行的，另一方当事人可以申请有管辖权的人民法院强制执行。裁决做出后，当事人就同一争议再申请仲裁或者向人民法院起诉的，仲裁机构或者人民法院不予受理。但当事人对仲裁协议的效力有异议的，可以请求仲裁机构做出决定或者请求人民法院做出裁定。

（3）合同争议的诉讼　诉讼是指合同当事人依法将合同争议提交人民法院受理，由人民法院依司法程序通过调查、做出判决、采取强制措施等来处理争议的法律制度。

合同当事人可以选择诉讼方式解决合同争议的情形如图2-27所示。

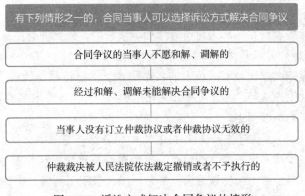

图2-27　诉讼方式解决合同争议的情形

合同当事人双方可以在签订合同时约定选择诉讼方式解决合同争议，并依法选择有管辖权的人民法院，但不得违反《中华人民共和国民事诉讼法》关于级别管辖和专属管辖的规定。对于一般的合同争议，由被告住所地或者合同履行地人民法院管辖。建设工程合同的纠纷一般都适用不动产所在地的专属管辖，由工程所在地人民法院管辖。

三、招标投标法

《中华人民共和国招标投标法》（以下简称《招标投标法》）规定，在中华人民共和国境内进行下列工程建设项目（包括项目的勘察、设计、施工、监理以及与工程建设有关的重要设备、材料等的采购），必须进行招标的如图 2-28 所示。

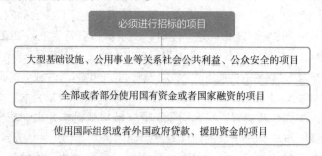

图 2-28　必须进行招标的项目

任何单位和个人不得将依法必须进行招标的项目化整为零或者以其他任何方式规避招标。依法必须进行招标的项目，其招标投标活动不受地区或者部门的限制。任何单位和个人不得违法限制或者排斥本地区、本系统以外的法人或者其他组织参加投标，不得以任何方式非法干涉招标投标活动。

1. 招标

（1）招标的条件和方式。

1）招标的条件。招标项目按照国家有关规定需要履行项目审批手续的，应当先履行审批手续，取得批准。招标人应当有进行招标项目的相应资金或资金来源已经落实，并应当在招标文件中如实载明。

招标人有权自行选择招标代理机构，委托其办理招标事宜。任何单位和个人不得以任何方式为招标人指定招标代理机构。招标人具有编制招标文件和组织评标能力的，可以自行办理招标事宜。任何单位和个人不能强制其委托招标代理机构办理招标事宜。

依法必须进行招标的项目，招标人自行办理招标事宜的，应当向有关行政监督部门备案。

2）招标方式。招标分为公开招标和邀请招标两种方式。

招标公告或投标邀请书应当载明招标人的名称和地址、招标项目的性质、数量、实施地点和时间以及获取招标文件的办法等事项。招标人不得以不合理的条件限制或者排斥潜在的投标人，不得对潜在的投标人实行歧视待遇。

（2）招标文件。招标人应当根据招标项目的特点和需要编制招标文件。招标文件应当包括招标项目的技术要求、对投标人资格审查的标准、投标报价要求和评标标准等所有实质性要求和条件以及拟签订合同的主要条款。招标项目需要划分标段、确定工期的，招标人应当合理划分标段、确定工期，并在招标文件中载明。

招标文件不得要求或者标明特定的生产供应者以及含有倾向或者排斥潜在投标人的其他内容。

招标人不得向他人透漏以获取招标文件的潜在投标人的名称、数量及可能影响公平竞争的有关招标投标的其他情况。

招标人对已发出的招标文件进行必要的澄清或者修改的，应当在招标文件要求提交投标文件截止时间至少 15 日前，以书面形式通知所有招标文件收受人。该澄清或者修改的内容为招标文件的组成部分。

（3）其他规定。招标人设有标底的，标底必须保密。招标人应当确定投标人编制投标文件所需要的合理时间。依法必须进行招标的项目，自招标文件开始发出之日起至投标人提交投标文件截止之日止，最短不得少于 20 日。

2. 投标

投标人应当具备承担招标项目的能力。国家有关规定对投标人资格条件或者招标文件对投标人资格条件有规定的，投标人应当具备规定的资格条件。

（1）投标文件。

1）投标文件的内容。投标人应当按照招标文件的要求编制投标文件。投标文件应当对招标文件提出的实质性要求和条件做出响应。

根据招标文件载明的项目实际情况，投标人如果准备在中标后将中标项目的部分非主体、非关键工程进行分包的，应当在投标文件中载明。在招标文件要求提交投标文件的截止时间前，投标人可以补充、修改或者撤回已提交的投标文件，并书面通知招标人。补充、修改的内容为投标文件的组成部分。

2）投标文件的送达。投标人应当在招标文件要求提交投标文件的截止时间前，将投标文件送达投标地点。招标人收到投标文件后，应当签收保存，不得开启。投标人少于 3 个的，招标人应当依照《招标投标法》重新招标。

在招标文件要求提交投标文件的截止时间后送达的投标文件，招标人应当拒收。

（2）联合投标。两个以上法人或者其他组织可以组成一个联合体，以一个投标人的身份共同投标。联合体各方均应具备承担招标项目的相应能力。国家有关规定或者招标文件对投标人资格条件有规定的，联合体各方均应具备规定的相应资格条件。由同一专业的单位组成的联合体，按照资质等级较低的单位确定资质等级。

联合体各方应当签订共同投标协议，明确约定各方拟承担的工作和责任，并将共同投标协议连同投标文件一并提交给招标人。联合体中标的，联合体各方应当共同与招标人签订合同，就中标项目向招标人承担连带责任。

（3）其他规定。投标人不得相互串通投标报价，不得排挤其他投标人的公平竞争，损害招标人或其他投标人的合法权益。投标人不得与招标人串通投标，损害国家利益、社会公共利益或者他人的合法权益。投标人不得以低于成本的报价竞标，也不得以他人名义投标或者以其他方式弄虚作假，骗取中标。禁止投标人以向招标人或评标委员会成员行贿的手段谋取中标。

3. 开标、评标和中标

（1）开标。开标应当在招标人的主持下，在招标文件确定的提交投标文件截止时间的同一时间、招标文件中预先确定的地点公开进行。应邀请所有投标人参加开标。开标时，由投标人或者其推选的代表检查投标文件的密封情况，也可以由招标人委托的公证机构检查并公证。经确认无误后，由工作人员当众拆封，宣读投标人名称、投标价格和投标文件的其他主要内容。

开标过程应当记录，并存档备查。

（2）评标。评标由招标人依法组建的评标委员会负责。招标人应当采取必要的措施，保证评标在严格保密的情况下进行。评标委员会应当按照招标文件确定的评标标准和方法，对投标文件进行评审和比较。

符合投标的中标人条件，如图 2-29 所示。

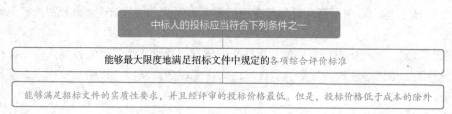

图 2-29　符合投标的中标人条件

评标委员会经评审，认为所有投标都不符合招标文件要求的，可以否决所有投标。

评标委员会完成评标后，应当向招标人提出书面评标报告，并推荐合格的中标候选人。招标人据此确定中标人。招标人也可以授权评标委员会直接确定中标人。在确定中标人前，招标人不得与投标人就投标价格、投标方案等实质性内容进行谈判。

（3）中标。中标人确定后，招标人应当向中标人发出中标通知书，并同时将中标结果通知所有未中标的投标人。

招标人和中标人应当自中标通知书发出之日起 30 日内，按照招标文件和中标人的投标文件订立书面合同。招标人和中标人不得再订立背离合同实质性内容的其他协议。

招标文件要求中标人提交履约保证金的，中标人应当提交。

四、其他相关法律法规

1. 价格法

《中华人民共和国价格法》规定，国家实行并完善宏观经济调控下主要由市场形成价格的机制。价格的制定应当符合价值规律，大多数商品和服务价格实行市场调节价，极少数商品和服务价格实行政府指导价或政府定价。

（1）经营者的价格行为。经营者定价应当遵循公平、合法和诚实信用的原则，定价的基本依据是生产经营成本和市场供求情况。

1）义务。经营者应当努力改进生产经营管理，降低生产经营成本，为消费者提供价格合理的商品和服务，并在市场竞争中获取合法利润。

2）权利。经营者进行价格活动享有的权利，如图 2-30 所示。

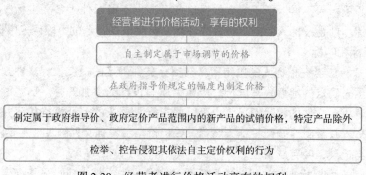

图 2-30　经营者进行价格活动享有的权利

3）禁止行为。经营者不得有的不正当价格行为，如图 2-31 所示。

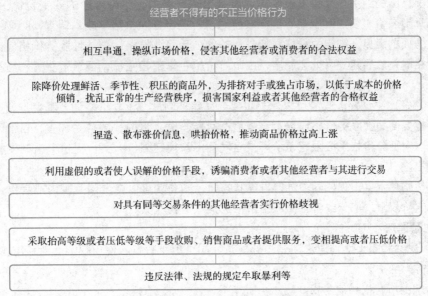

图 2-31　经营者不得有的不正当价格行为

（2）政府的定价行为。

1）定价目录。政府指导价、政府定价的定价权限和具体适用范围，以中央的和地方的定价目录为依据。中央定价目录由国务院价格主管部门制定、修订，报国务院批准后公布。地方定价目录由省、自治区、直辖市人民政府价格主管部门按照中央定价目录规定的定价权限和具体适用范围制度，经本级人民政府审核同意，报国务院价格主管部门审定后公布。省、自治区、直辖市人民政府以下各级地方人民政府不得制定定价目录。

2）定价权限。国务院价格主管部门和其他有关部门，按照中央定价目录规定的定价权限和具体适用范围制定政府指导价、政府定价。其中重要的商品和服务价格的政府指导价，应当按照规定经国务院批准。省、自治区、直辖市人民政府价格主管部门和其他有关部门，应当按照地方定价目录规定的定价权限和具体适用范围制定在本地区执行的政府指导价、政府定价。

市、县人民政府可以根据省、自治区、直辖市人民政府的授权，按照地方定价目录规定的定价权限和具体适用范围制定在本地区执行的政府指导价、政府定价。

3）定价范围。如图 2-32 所示。

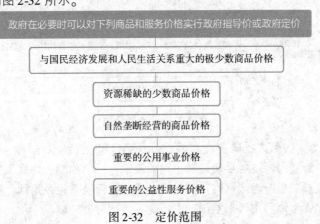

图 2-32　定价范围

4）定价依据。制定政府指导价、政府定价，应当依据有关商品或者服务的社会平均成本和市场供求状况、国民经济与社会发展要求以及社会承受能力，实行合理的购销差价、批零差价、地区差价和季节差价。制定政府指导价、政府定价，应当开展价格、成本调查，听取消费者、经营者和有关方面的意见。制定关系群众切身利益的公用事业价格、公益性服务价格、自然垄断经营的商品价格时，应当建立听证会制度，由政府价格主管部门主持，征求消费者、经营者和有关方面的意见。

（3）价格总水平调控。政府可以建立重要商品储备制度，设立价格调节基金，调控价格，稳定市场。当重要商品和服务价格显著上涨或者有可能显著上涨时，国务院和省、自治区、直辖市人民政府可以对部分价格采取限定差价率或者利润率、规定限价、实行提价申报制度和调价备案制度等干预措施。

当市场价格总水平出现剧烈波动等异常状态时，国务院可以在全国范围内或者部分区域内采取临时集中定价权限、部分或者全面冻结价格的紧急措施。

2. 土地管理法

《中华人民共和国土地管理法》是一部规范我国土地所有权和使用权、土地利用、耕地保护、建设用地等行为的法律。

（1）土地的所有权和使用权。

1）土地所有权。我国实行土地的社会主义公有制，即全民所有制和劳动群众集体所有制。国家为了公共利益的需要，可以依法对土地实行征收或者征用并给予补偿。

2）土地使用权。国有土地和农民集体所有的土地，可以依法确定给单位或者个人使用。使用土地的单位和个人，有保护、管理和合理利用土地的义务。

农民集体所有的土地，由县级人民政府登记造册，核发证书，确认所有权。农民集体所有的土地依法用于非农业建设的，由县级人民政府登记造册，核发证书，确认建设用地使用权。

单位和个人依法使用的国有土地，由县级以上人民政府登记造册，核发证书，确认使用权；其中，重要国家机关使用的国有土地的具体登记发证机关，由国务院确定。

依法改变土地权属和用途的，应当办理土地变更登记手续。

（2）土地利用总体规划。

1）土地分类：国家实行土地用途管制制度。通过编制土地利用总体规划，规定土地用途，将土地分为农用地、建设用地和未利用地。土地的分类如图2-33所示。

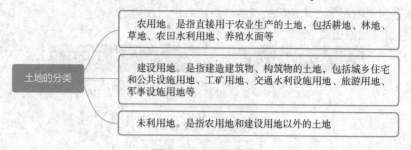

图2-33　土地的分类

2）土地利用规划。各级人民政府应当根据国民经济和社会发展规划、国土整治和资源环境保护的要求、土地供给能力以及各项建设对土地的需求，组织编制土地利用总体规划。

城市建设用地规模应当符合国家规定的标准，充分利用现有建设用地，不占或者少占农用地。各级人民政府应当加强土地利用计划管理，实行建设用地总量控制。

土地利用总体规划实行分级审批。经批准的土地利用总体规划的修改，须经原批准机关批准；未经批准，不得改变土地利用总体规划确定的土地用途。

（3）建设用地。

1）建设用地的批准。除兴办乡镇企业、村民建设住宅或乡（镇）村公共设施、公益事业建设经依法批准使用农民集体所有的土地外，任何单位和个人进行建设而需要使用土地的，必须依法申请使用国有土地，包括国家所有的土地和国家征收的原属于农民集体所有的土地。

涉及农用地转为建设用地的，应当办理农用地转用审批手续。

2）征收土地的补偿。征收土地的，应当按照被征收土地的原用途给予补偿。征收耕地的补偿费用包括土地补偿费、安置补助费以及地上附着物和青苗的补偿费。

征收其他土地的土地补偿费和安置补助费标准，由省、自治区、直辖市参照征收耕地的土地补偿费和安置补助费的标准规定。被征收土地上的附着物和青苗的补偿标准，由省、自治区、直辖市规定。征收城市郊区的菜地，用地单位应当按照国家有关规定缴纳新菜地开放建设基金。

3）建设用地的使用。经批准的建设项目需要使用国有建设用地的，建设单位应当持法律、行政法规规定的有关文件，向有批准权的县级以上人民政府土地行政主管部门提出建设用地申请，经土地行政主管部门审查，报本级人民政府批准。

建设单位使用国有土地，应当以出让等有偿使用方式取得；但是，下列建设用地，经县级以上人民政府依法批准，可以划拨方式取得，如图 2-34 所示。

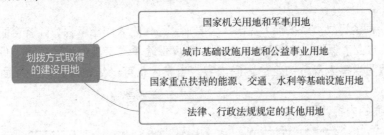

图 2-34　划拨方式取得的建设用地

以出让等有偿使用方式取得国有土地使用权的建设单位，按照国务院规定的标准和办法，缴纳土地使用权出让金等土地有偿使用费和其他费用后，方可使用土地。

建设单位使用国有土地的，应当按照土地使用权出让等有偿使用合同的约定或者土地使用权划拨批准文件的规定使用土地；确需改变该幅土地建设用途的，应当经有关人民政府土地行政主管部门同意，报原批准用地的人民政府批准。其中，在城市规划区内改变土地用途的，在报批前，应当先经有关城市规划行政主管部门同意。

4）土地的临时使用。建设项目施工和地质勘查需要临时使用国有土地或者农民集体所有的土地的，由县级以上人民政府土地行政主管部门批准。其中，在城市规划区内的临时用地，在报批前，应当先经有关城市规划行政主管部门同意。土地使用者应当根据土地权属，与有关土地行政主管部门或者农村集体经济组织、村民委员会签订临时使用土地合同，并按照合同的约定支付临时使用土地补偿费。

临时使用土地的使用者应当按照临时使用土地合同约定的用途使用土地，并不得修建永久性建筑物。临时使用土地限期一般不超过两年。

5）国有土地使用权的收回，如图 2-35 所示。

其中，属于①、②两种情形而收回国有土地使用权的，对土地使用权人应当给予适当补偿。

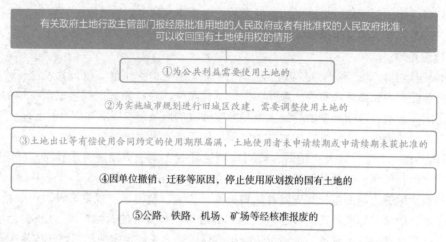

图 2-35　国有土地使用权的收回

3. 保险法

《中华人民共和国保险法》中所称保险，是指投保人根据合同约定，向保险人（保险公司）支付保险费，保险人对于合同约定的可能发生的事故因其发生所造成的财产损失承担赔偿保险金责任，或者当被保险人死亡、伤残、疾病或达到合同约定的年龄、期限时承担给付保险金责任的商业保险行为。

（1）保险合同的订立。当投标人提出保险要求，经保险人同意承保，并就合同的条款达成协议，保险合同即成立。保险人应当及时向投保人签发保险单或者其他保险凭证。保险单或者其他保险凭证应当载明当事人双方约定的合同内容。当事人也可以约定采用其他书面形式载明合同内容。

1）保险合同的内容，如图 2-36 所示。

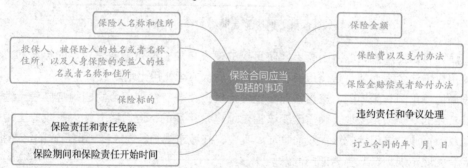

图 2-36　保险合同的内容

其中，保险金额是指保险人承担赔偿或者给付保险责任的最高限额。

2）保险合同的订立。

① 投保人的告知义务。订立保险合同，保险人就保险标的或者被保险人的有关情况提出询问的，投保人应当如实告知。投保人故意或者因重大过失未履行如实告知义务，足以影响保险人决定是否同意承保或者提高保险费率的，保险人有权解除合同。

投保人故意不履行如实告知义务的，保险人对于合同解除前发生的保险事故，不承担赔偿或者给付保险金的责任，并不退还保险费。投保人因重大过失未履行如实告知义务，对保险事故的发生有严重影响的，保险人对于合同解除前发生的保险事故（保险合同约定的保险责任范围内的事故），不承担赔偿或者给付保险金的责任，但应当退还保险费。

② 保险人的说明义务。订立保险合同，采用保险人提供的格式条款的，保险人向投保人提供的投保单应当附格式条款，保险人应当向投保人说明合同的内容。

对保险合同中免除保险人责任的条款，保险人订立合同时应当在投保单、保险单或者其他保险凭证上做出足以引起投保人注意的提示，并对该条款的内容以书面或者口头形式向投保人做出明确说明；未作提示或者明确说明的，该条款不产生效力。

（2）诉讼时效。人身保险以外的其他保险的被保险人或者受益人，向保险人请求赔偿或者给付保障金的诉讼时效期间为 2 年，自其知道或者应当知道保险事故发生之日起计算。

人身保险的被保险人或者受益人向保险人请求给付保险金的诉讼时效期间为 5 年，自其知道或者应当知道保险事故发生之日起计算。

（3）财产保险合同。财产保险是以财产及其有关利益为保险标的保险。建筑工程一切险和安装工程一切险均属财产保险。

1）双方的权利和义务。被保险人应当遵守国家有关消防、安全、生产操作、劳动保护等方面的规定，维护保险标的安全。保险人可以按照合同约定，对保险标的安全状况进行检查，及时向投保人、被保险人提出消除不安全因素和隐患的书面建议。投保人、被保险人未按照约定履行其对保险标的安全应尽责任的，保险人有权要求增加保险费或者解除合同。保险人为维护保险标的安全，经被保险人同意，可以采取安全预防措施。

2）保险费的增加或降低。在合同有效期内，保险标的危险程度增加的，被保险人按照合同约定应当及时通知保险人，保险人可以按照合同约定增加保险费或者解除合同。保险人解除合同的，应当将已收取的保险费，按照合同约定扣除自保险责任开始之日起至合同解除之日止应收的部分后，退还投保人。被保险人未履行通知义务的，因保险标的危险程度显著增加而发生的保险事故，保险人不承担赔偿保险金的责任。

保险费的降低，如图 2-37 所示。

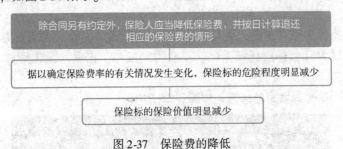

图 2-37　保险费的降低

保险责任开始前，投保人要求解除合同的，应当按照合同约定向保险人支付手续费，保险人应当退还保险费。保险责任开始后，投保人要求解除合同的，保险人应当将已收取的保险费，按照合同约定扣除自保险责任开始之日起至合同解除之日止应收的部分后，退还投保人。

3）赔偿标准。投保人和保险人约定保险标的保险价值并在合同中载明的，保险标的发生损失时，以约定的保险价值为赔偿计算标准。投保人和保险人为约定保险标的保险价值的，保险标的发生损失时，以保险事故发生时保险标的实际价值为赔偿计算标准。保险金额不得超过保险价值。超过保险价值的，超过部分无效，保险人应当退还相应的保险费。保险金额低于保险价值的，除合同另有约定外，保险人按照保险金额与保险价值的比例承担赔偿保险金的责任。

4）保险事故发生后的处置。保险事故发生时，被保险人应当尽力采取必要的措施，防止或者减少损失。保险事故发生后，被保险人为防止或者减少保险标的损失所支付的必要的、合理的费用，由保险人承担；保险人所承担的数额在保险标的损失赔偿金额以外另行计算，最高不超过保险金额的数额。

保险事故发生后，保险人已支付了全部保险金额，并且保险金额等于保险价值的，受损保险标的全部权利归于保险人；保险金额低于保险价值的，保险人按照保险金额与保险价值的比例取得受损保险标的部分权利。

保险人、被保险人为查明和确定保险事故的性质、原因和保险标的损失程度所支付的必要的、合理的费用，由保险人承担。

（4）人身保险合同。人身保险是以人的寿命和身体为保险标的的保险。建设工程施工人员意外伤害保险即属于人身保险。

1）双方的权利和义务。投保人应向保险人如实申报被保险人的年龄、身体状况。投保人申报的被保险人年龄不真实，并且其真实年龄不符合合同约定的年龄限制的，保险人可以解除合同，并按照合同约定退还保险单的现金价值。

2）保险费的支付。投保人可以按照合同约定向保险人一次支付全部保险费或者分期支付保险费。合同约定分期支付保险费的，投保人支付首期保险费后，除合同另有约定外，投保人自保险人催告之日起超过 30 日未支付当期保险费，或者超过约定的期限 60 日未支付当期保险费的，合同效力中止，或者由保险人按照合同约定的条件减少保险金额。保险人对人身保险的保险费，不得用诉讼方式要求投保人支付。

合同效力中止的，经保险人与投保人协商并达成协议，在投保人补交保险费后，合同效力恢复。但是，自合同效力中止之日起满两年双方未达成协议的，保险人有权解除合同。解除合同时，应当按照合同约定退还保险单的现金价值。

3）保险受益人。被保险人或者投保人可以指定一人或者数人为受益人。受益人为数人的，被保险人或者投保人可以确定受益顺序和受益份额；未确定受益份额的，受益人按照相等份额享有受益权。

被保险人或者投保人可以变更受益人并书面通知保险人。保险人收到变更受益人的书面通知后，应当在保险单或者其他保险凭证上批注或者附贴批单。投保人变更受益人时须经被保险人同意。

保险人依法履行给付保险金的义务，如图 2-38 所示。

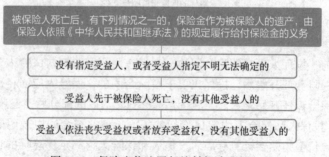

图 2-38　保险人依法履行给付保险金的义务

4）合同的解除。投保人解除合同的，保险人应当自收到解除合同通知之日起 30 日内，按照合同约定退还保险单的现金价值。

4. 税法相关法律

（1）税务管理。

1）税务登记。《中华人民共和国税收征收管理法》规定，从事生产、经营的纳税人（包括企业，企业在外地设立的分支机构和从事生产、经营的场所，个体工商户和从事生产、经营的单位）自领取营业执照之日起 30 日内，应持有关证件，向税务机关申报办理税务登记。取得税务登记证件后，在银行或者其他金融机构开立基本存款账户和其他存款账户，并将其全部账号向税务机关报告。

从事生产、经营的纳税人的税务登记内容发生变化的，应自工商行政管理机关办理变更登记之日起 30 日内或者在向工商行政管理机关申请办理注销登记之前，持有关证件向税务机关申报办理变更或者注销税务登记。

2）账簿管理。纳税人、扣缴义务人应按照有关法律、行政法规和国务院财政、税务主管部门的规定设置账簿，根据合法、有效凭证记账，进行核算。

从事生产、经营的纳税人、扣缴义务人必须按照国务院财政、税务主管部门规定的保管期限保管账簿、记账凭证、完税凭证及其他有关资料。

3）纳税申报。纳税人必须依照法律、行政法规规定或者税务机关依照法律、行政法规的规定确定的申报期限、申报内容如实办理纳税申报，报送纳税申报表、财务会计报表以及税务机关根据实际需要要求纳税人报送的其他纳税资料。

纳税人、扣缴义务人不能按期办理纳税申报或者报送代扣代缴、代收代缴税款报告表的，经税务机关核准，可以延期申报。经核准延期办理申报、报送事项的，应当在纳税期内按照上期实际缴纳的税款或者税务机关核定的税额预缴税款，并在核准的延期内办理税款结算。

4）税款征收。税务机关征收税款时，必须给纳税人开具完税凭证。扣缴义务人代扣、代收税款时，纳税人要求扣缴义务人开具代扣、代收税款凭证的，扣缴义务人应当开具。

纳税人、扣缴义务人应按照法律、行政法规确定的期限缴纳税款。纳税人因有特殊困难，不能按期缴纳税款的，经省、自治区、直辖市国家税务局、地方税务局批准，可以延期缴纳税款，但是最长不得超过 3 个月。纳税人未按照规定期限缴纳税款的，扣缴义务人未按照规定期限解缴税款的，税务机关除责令限期缴纳外，从滞纳税款之日起，按日加收滞纳税款万分之五的滞纳金。

（2）税率。税率是指应纳税额与计税基数之间的比例关系，是税法结构中的核心部分。我国现行税率有三种，即：比例税率、累进税率和定额税率，如图 2-39 所示。

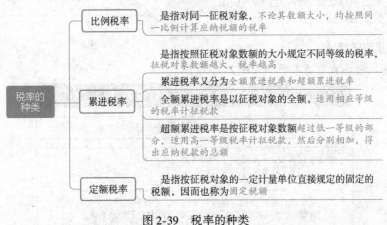

图 2-39　税率的种类

（3）税收种类。根据税收征收对象不同，税收可分为流转税、所得税、财产税、行为税、资源税五种，如图2-40所示。

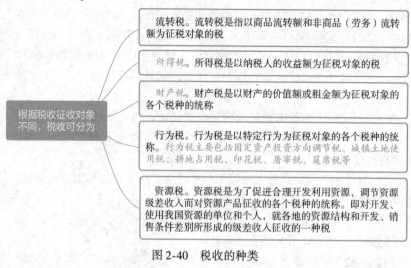

流转税。流转税是指以商品流转额和非商品（劳务）流转额为征税对象的税

所得税。所得税是以纳税人的收益额为征税对象的税

财产税。财产税是以财产的价值额或租金额为征税对象的各个税种的统称

行为税。行为税是以特定行为为征税对象的各个税种的统称。行为税主要包括固定资产投资方向调节税、城镇土地使用税、耕地占用税、印花税、屠宰税、筵席税等

资源税。资源税是为了促进合理开发利用资源，调节资源级差收入而对资源产品征收的各个税种的统称。即对开发、使用我国资源的单位和个人，就各地的资源结构和开发、销售条件差别所形成的级差收入征收的一种税

图2-40　税收的种类

注：
　　征收固定资产投资方向调节税的目的是为了贯彻国家产业政策，控制投资规模，引导投资方向，调整投资结构。该税种目前已停征。城镇土地使用税是国家按使用土地的等级和数量，对城镇范围内的土地使用者征收的一种税。其税率为定额税率

第二节　工程造价管理制度

根据《工程造价咨询企业管理办法》，工程造价咨询企业，是指接受委托，对建设项目投资、工程造价的确定与控制提供专业咨询服务的企业。工程造价咨询企业从事工程造价咨询活动，应当遵循独立、客观、公正、诚实信用的原则，不得损害社会公共利益和他人的合法权益。

一、工程造价咨询企业资质等级标准

1. 甲级企业资质标准

甲级工程造价咨询企业资质标准如图2-41所示。

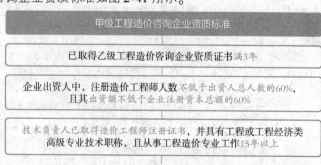

甲级工程造价咨询企业资质标准

已取得乙级工程造价咨询企业资质证书满3年

企业出资人中，注册造价工程师人数不低于出资人总人数的60%，且其出资额不低于企业注册资本总额的60%

技术负责人已取得造价工程师注册证书，并具有工程或工程经济类高级专业技术职称，且从事工程造价专业工作15年以上

图2-41　甲级工程造价咨询企业资质标准

专职从事工程造价专业工作的人员（以下简称专职专业人员）不少于20人，其中，具有工程或者工程经济类中级以上专业技术职称的人员不少于16人；取得造价工程师注册证书的人员不少于10人，其他人员具有从事工程造价专业工作的经历

企业与专职专业人员签订劳动合同，且专职专业人员符合国家规定的职业年龄（出资人除外）

专职专业人员人事档案关系由国家认可的人事代理机构代为管理

企业注册资本不少于人民币100万元

企业近3年工程造价咨询营业收入累计不低于人民币500万元

具有固定的办公场所，人均办公建筑面积不少于10m²

技术档案管理制度、质量控制制度、财务管理制度齐全

企业为本单位专职专业人员办理的社会基本养老保险手续齐全

在申请核定资质等级之日前3年内无违规行为

图 2-41　甲级工程造价咨询企业资质标准（续）

2. 乙级企业资质标准

乙级工程造价咨询企业资质标准如图 2-42 所示。

乙级工程造价咨询企业资质标准

企业出资人中，注册造价工程师人数不低于出资人总人数的60%，且其出资额不低于注册资本总额的60%

技术负责人已取得造价工程师注册证书，并具有工程或工程经济类高级专业技术职称，且从事工程造价专业工作10年以上

专职专业人员不少于12人，其中，具有工程或者工程经济类中级以上专业技术职称的人员不少于8人；取得造价工程师注册证书的人员不少于6人，其他人员具有从事工程造价专业工作的经历

企业与专职专业人员签订劳动合同，且专职专业人员符合国家规定的职业年龄（出资人除外）

专职专业人员人事档案关系由国家认可的人事代理机构代为管理

企业注册资本不少于人民币50万元

具有固定的办公场所，人均办公建筑面积不少于10m²

技术档案管理制度、质量控制制度、财务管理制度齐全

企业为本单位专职专业人员办理的社会基本养老保险手续齐全

暂定期内工程造价咨询营业收入累计不低于人民币50万元

申请核定资质等级之日前无违规行为

图 2-42　乙级工程造价咨询企业资质标准

二、工程造价咨询企业业务承接

1. 业务范围

工程造价咨询业务范围如图 2-43 所示。

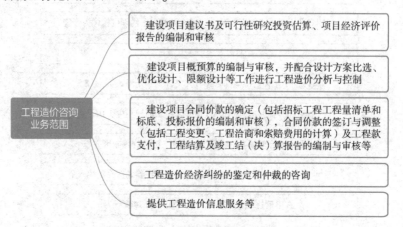

图 2-43　工程造价咨询业务范围

2. 执业

（1）咨询合同及其履行。工程造价咨询企业在承接各类建设项目的工程造价咨询业务时，应当与委托人订立书面工程造价咨询合同。工程造价咨询企业与委托人可以参照《建设工程造价咨询合同》（示范文本）订立合同。

工程造价咨询企业从事工程造价咨询业务，应当按照有关规定的要求出具工程造价成果文件。工程造价成果文件应当由工程造价咨询企业加盖有企业名称、资质等级及证书编号的执业印章，并由执行咨询业务的注册造价工程师签字、加盖执业印章。

（2）禁止性行为。工程造价咨询企业不得有的行为如图 2-44 所示。

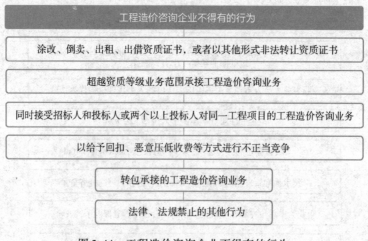

图 2-44　工程造价咨询企业不得有的行为

三、工程造价咨询企业法律责任

1. 资质申请或取得的违规责任

申请人隐瞒有关情况或者提供虚假材料申请工程造价咨询企业资质的，不予受理或者不予资质许可，并给予警告，申请人在 1 年内不得再次申请工程造价咨询企业资质。

以欺骗、贿赂等不正当手段取得工程造价咨询企业资质的，由县级以上地方人民政府建设主管部门或者有关专业部门给予警告，并处以 1 万元以上 3 万元以下的罚款，申请人 3 年内不得再次申请工程造价咨询企业资质。

2. 经营违规责任

未取得工程造价咨询企业资质从事工程造价咨询活动或者超越资质等级承接工程造价咨询业务的，出具的工程造价成果文件无效，由县级以上地方人民政府建设主管部门或者有关专业部门给予警告，责令限期改正，并处以 1 万元以上 3 万元以下的罚款。

工程造价咨询企业不及时办理资质证书变更手续的，由资质许可机关责令限期办理；逾期不办理的，可处以 1 万元以下的罚款。

有下列行为之一的，由县级以上地方人民政府建设主管部门或者有关专业部门给予警告，责令限期改正；逾期未改正的，可处以 5000 元以上 2 万元以下的罚款。如图 2-45 所示。

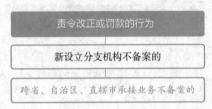

图 2-45　责令改正或罚款的行为

3. 其他违规责任

资质许可机关有下列情形之一的，由其上级行政主管部门或者监察机关责令改正，对直接负责的主管人员和其他直接责任人员依法给予处分；构成犯罪的，依法追究刑事责任。如图 2-46 所示。

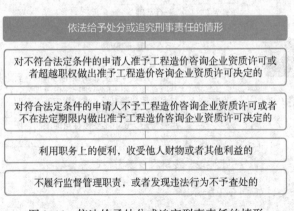

图 2-46　依法给予处分或追究刑事责任的情形

第三章　建筑工程施工工艺

第一节　建　筑　构　造

一、民用建筑构造

民用建筑构造可分为六大组成部分，如图 3-1 所示。

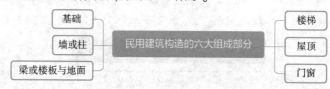

图 3-1　民用建筑构造的组成

1. 基础

基础按受力特点及材料性能可分为刚性基础和柔性基础；按构造形式可分为独立基础、条形基础、柱下十字交叉基础、片筏基础和箱形基础等。

（1）按材料及受力特点分类，如图 3-2 所示。

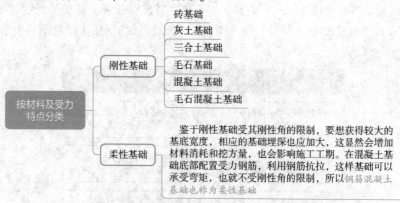

图 3-2　按材料及受力特点分类

（2）按构造形式分类，如图 3-3 所示。

2. 墙

（1）墙的类型。墙的类型可按墙在建筑物中的位置不同、受力情况不同、构造方式不同和所用材料不同划分，如图 3-4 所示。

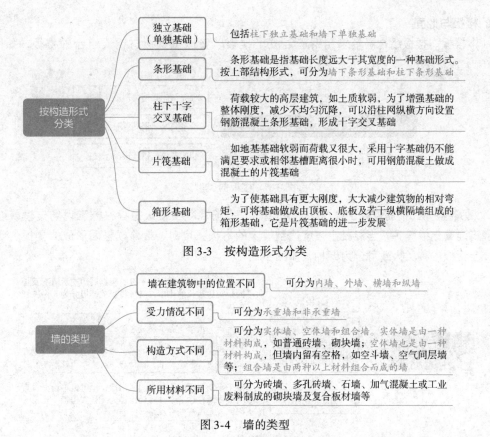

图 3-3　按构造形式分类

图 3-4　墙的类型

（2）墙体细部构造。墙体细部构造是为了保证砌体墙的耐久性和墙体与其他构件的连接，在相应的位置进行的构造处理，如图 3-5 所示。

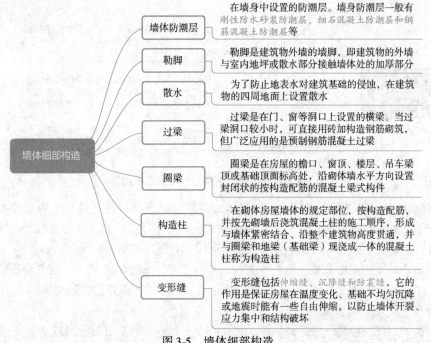

图 3-5　墙体细部构造

3. 楼板与地面

（1）楼板。楼板结构层多采用钢筋混凝土楼板以及压型钢板与钢梁组合的楼板，如图 3-6 所示。

图 3-6　楼板的类型

1）现浇整体式钢筋混凝土楼板。现浇整体式钢筋混凝土楼板是指在施工现场支模、绑扎钢筋、浇筑混凝土并养护，当混凝土强度达到规定的拆模强度时，拆除模板后形成的楼板。现浇钢筋混凝土楼板的种类大致可分为四种，如图 3-7 所示。

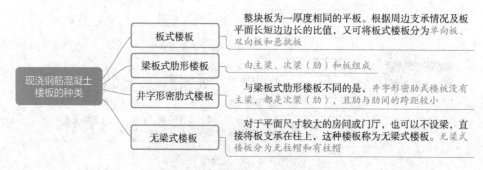

图 3-7　现浇钢筋混凝土楼板的种类

2）预制装配式钢筋混凝土楼板。预制装配式钢筋混凝土楼板的类型主要有叠合楼板和密肋填充块楼板，如图 3-8 所示。

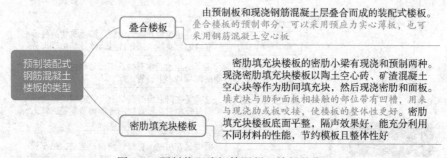

图 3-8　预制装配式钢筋混凝土楼板的类型

3）装配整体式钢筋混凝土楼板。装配整体式钢筋混凝土楼板是将楼板中的部分构件预制安装后，再通过现浇的部分连接成整体。这种楼板的整体性较好，可节省模板，施工速度较快。装配整体式钢筋混凝土楼板主要有实心平板、槽形板和空心板，如图 3-9 所示。

（2）地面。地面主要由面层、垫层和基层三部分组成，如图 3-10 所示。当它们不能满足使用或构造要求时，可考虑增设结合层、隔离层、找平层、防水层、隔声层等附加层。

4. 楼梯

（1）楼梯的组成。楼梯一般由楼梯段、楼梯平台、栏杆和扶手三部分组成。

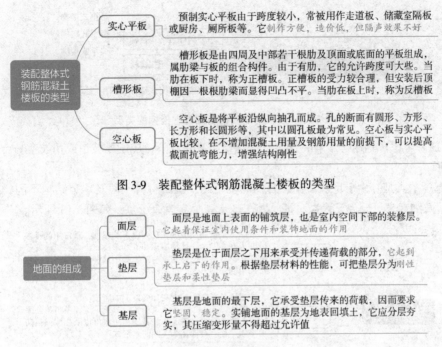

图 3-9　装配整体式钢筋混凝土楼板的类型

地面的组成

面层　面层是地面上表面的铺筑层，也是室内空间下部的装修层。它起着保证室内使用条件和装饰地面的作用

垫层　垫层是位于面层之下用来承受并传递荷载的部分，它起到承上启下的作用。根据垫层材料的性能，可把垫层分为刚性垫层和柔性垫层

基层　基层是地面的最下层，它承受垫层传来的荷载，因而要求它坚固、稳定。实铺地面的基层为地表回填土，它应分层夯实，其压缩变形量不得超过允许值

图 3-10　地面的组成

（2）楼梯的类型。按所在位置，楼梯可分为室外楼梯和室内楼梯两种。

按使用性质，楼梯可分为主要楼梯、辅助楼梯、疏散楼梯、消防楼梯等。

按所用材料，楼梯可分为木楼梯、钢楼梯、钢筋混凝土楼梯等。

按形式，楼梯可分为直跑式、双跑式、双分式、双合式、三跑式、四跑式、曲尺式、螺旋式、圆弧形、桥式、交叉式等。

（3）钢筋混凝土楼梯的构造。钢筋混凝土楼梯按施工方法不同，主要有现浇整体式和预制装配式两类。

1）现浇整体式钢筋混凝土楼梯。现浇整体式钢筋混凝土楼梯又可分为板式楼梯和梁式楼梯，如图 3-11 所示。

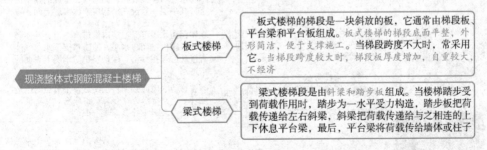

图 3-11　现浇整体式钢筋混凝土楼梯的类型

2）预制装配式钢筋混凝土楼梯。预制装配式钢筋混凝土楼梯的类型如图 3-12 所示。

（4）台阶与坡道。因建筑物构造及使用功能的需要，建筑物的室内外地坪有一定的高差，在建筑物的入口处，可以选择台阶或坡道来衔接。

1）室外台阶。室外台阶一般包括踏步和平台两部分。台阶一般由面层、垫层及基层组成。

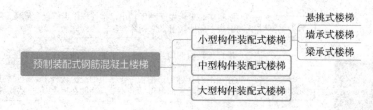

图 3-12 预制装配式钢筋混凝土楼梯的类型

2）坡道。考虑车辆通行或有特殊要求的建筑物室外台阶，应设置坡道或用坡道与台阶组合。

5. 屋顶

（1）屋顶的类型。由于地域不同、自然环境不同、屋面材料不同及承重结构不同，屋顶的类型也很多。归纳起来可分为三大类，即平屋顶、坡屋顶和曲面屋顶，如图 3-13 所示。

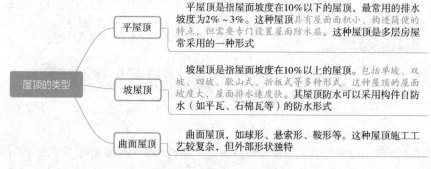

图 3-13 屋顶的类型

（2）平屋顶的构造。

1）平屋顶的排水。要使屋面排水通畅，平屋顶应设置不小于 1% 的屋面坡度。平屋顶的排水方式可分为有组织排水和无组织排水两种方式。应根据建筑物屋顶形式、气候条件及使用功能等因素进行选择与确定。

2）平屋顶防水及构造。平屋顶防水及构造一般可分为柔性防水平屋顶的构造和刚性防水平屋顶的构造，如图 3-14 所示。

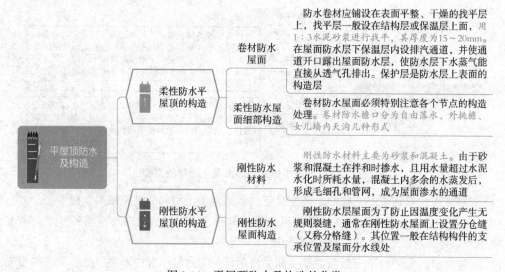

图 3-14 平屋顶防水及构造的分类

3）平屋顶的隔热（图3-15）。

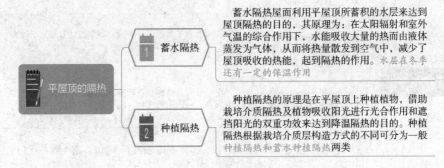

图3-15 平屋顶的隔热方式

（3）坡屋顶的构造。与平屋顶相比较，坡屋顶的屋面坡度大，因而其屋面构造及屋面防水方式均与平屋面不同。坡屋面的屋面防水常采用构件自防水方式，屋面构造层次主要由屋顶顶棚、承重结构层及屋面面层组成。

1）坡屋顶的承重结构（图3-16）。

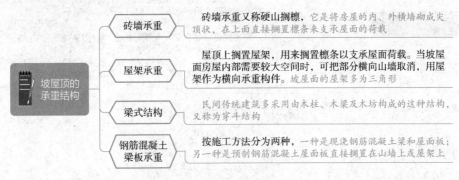

图3-16 坡屋顶的承重结构类型

2）坡屋顶的顶棚、保温、隔热和通风（图3-17）。

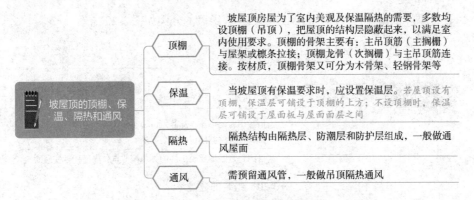

图3-17 坡屋顶的顶棚、保温、隔热和通风

6. 门窗

（1）门窗的类型。门窗的类型有很多种，大致可按以下几种方式分类，如图3-18所示。

（2）门窗的构造组成。门窗的构造主要由樘和扇组成，如图3-19所示。

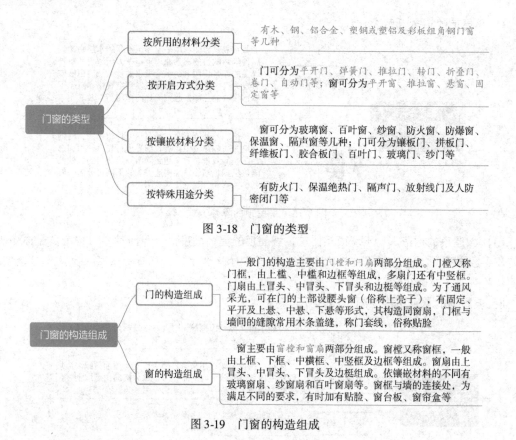

图 3-18　门窗的类型

图 3-19　门窗的构造组成

二、工业建筑构造

1. 钢构件组装和预拼装的基本知识

（1）钢构件的组装。

1）组装分类。根据钢构件的特性及组装程度，组装的分类如图 3-20 所示。

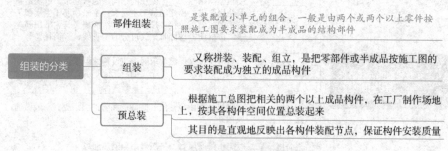

图 3-20　组装的分类

2）组装方法。钢构件组装的方法有很多，常用的方法如图 3-21 所示。

（2）预拼装方法。钢构件预拼装的方法有很多种，常用的方法如图 3-22 所示。

2. 钢构件组装

（1）钢柱组装。钢柱常用的几种组装方式如图 3-23 所示。

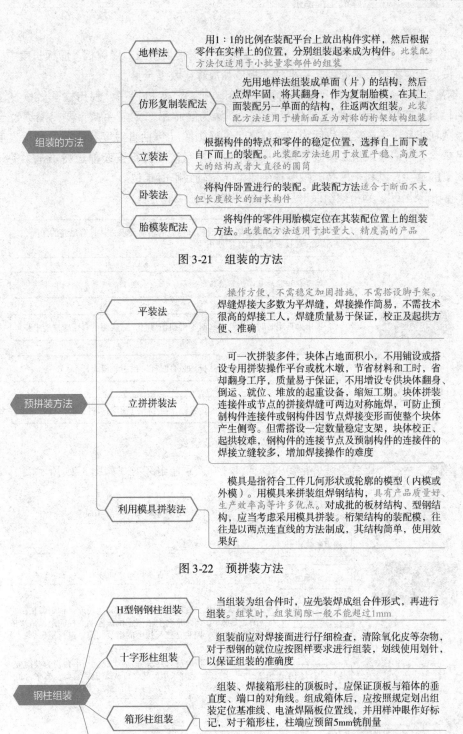

图 3-21　组装的方法

图 3-22　预拼装方法

图 3-23　钢柱组装方式

（2）钢梁组装。

1）钢梁组装时，应选择上拱面作为梁的上表面，焊接后矫正。以翼板、腹板长度中心线为基准划线，按技术要求组装零部件，每档加劲板应加放焊接收缩余量。

2）钢吊车梁的安装，屋盖吊装之前，可采用单机吊、双机抬吊，利用柱子做拔杆设滑轮组（柱子经计算设缆风），另一端用起重机抬吊，一端为防止吊车梁碰牛脚，要用溜绳拉出一段距离，才能顺利起吊。吊车梁就位后均应对标高、纵横轴线（包括直线度和轨距）和垂直度进行调整。钢吊车梁安装一般采用工具式吊耳或捆绑法进行吊装。在进行安装前应将吊车梁的分中标记引至吊车梁的端头，以利于吊装时按照柱牛腿的定位轴线临时定位。

（3）钢桁架组装。钢桁架组装时应注意的问题如图3-24所示。

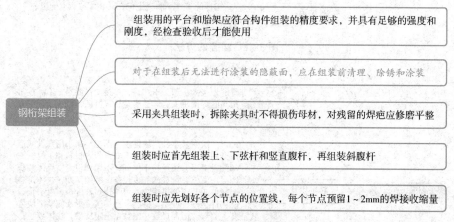

图3-24　钢桁架组装

（4）钢梯、栏杆、平台组装。常用的钢梯、栏杆、平台组装方式如图3-25所示。

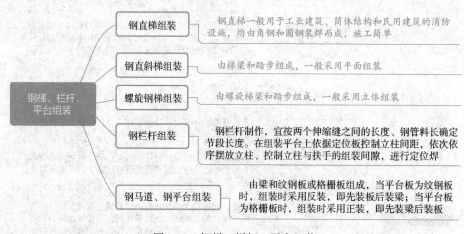

图3-25　钢梯、栏杆、平台组装

3. 钢构件拼装

钢构件拼装一般包括钢柱拼装、钢屋架拼装、箱形梁拼装和工字钢梁、槽钢梁组合拼装，如图3-26所示。

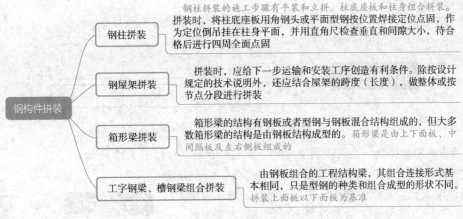

图 3-26　钢构件拼装

第二节　建　筑　材　料

一、装配整体式混凝土结构的主要材料

装配整体式混凝土结构的主要材料如图 3-27 所示。

1. 钢筋

钢筋是指钢筋混凝土用和预应力钢筋混凝土用钢材，其横截面为圆形，有时为带有圆角的方形。包括光圆钢筋、带肋钢筋、扭转钢筋。

（1）结构钢材的破坏性。钢材有两种性质完全不同的破坏形式，即塑性破坏和脆性破坏。钢结构所用材料虽然具有较高的塑性和韧性，但是一般有发生塑性破坏的可能，在一定条件下，也具有脆性破坏的可能。

（2）钢材的主要性能。钢材的主要性能可分为强度和其他性能，如图 3-28 所示。

图 3-27　装配整体式混凝土结构的主要材料

图 3-28　钢材的主要性能

2. 混凝土

混凝土是当代最主要的建筑材料之一。它是由胶凝材料、颗粒状骨料（也称为集料）、水，以及必要时加入的外加剂和掺合料按一定比例配制，经均匀搅拌，密实成型，养护硬化而成的一种人工石材。在装配整体式混凝土结构中主要用于制作预制混凝土构件和现场后浇。

（1）混凝土的分类。

1）按胶凝材料分类。按胶凝材料分类，常用的混凝土如图 3-29 所示。

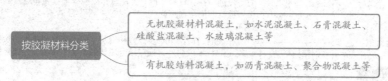

图 3-29　按胶凝材料分类的混凝土

2）按表观密度分类。按表观密度分类，常用的混凝土，如图 3-30 所示。

3）按使用功能分类。混凝土按使用功能可分为结构混凝土、保温混凝土、装饰混凝土、防水混凝土、耐火混凝土、道路混凝土、水工混凝土、海工混凝土、防辐射混凝土等。

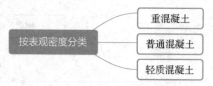

图 3-30　按表观密度分类的混凝土

（2）混凝土的材料要求。装配整体式结构中，对混凝土的材料要求应根据具体实际情况而定，混凝土的各项力学性能指标和有关结构耐久性的要求应符合现行国家标准《混凝土结构设计规范》（GB 50010—2019）的规定。

3. 连接材料

装配整体式混凝土结构常用的连接材料有钢筋连接用灌浆套筒和灌浆料，如图 3-31 所示。

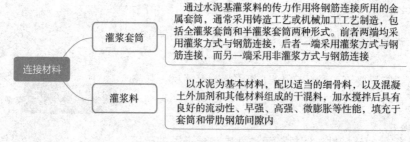

图 3-31　装配整体式混凝土结构常用的连接材料

4. 钢材的选择

钢材的选用既要确保结构物的安全可靠，又要经济合理。为了保证承重结构的承载能力，防止在一定条件下出现脆性破坏，应根据结构的重要性、荷载特征、连接方法、工作环境、应力状态和钢材厚度等因素综合考虑，选用合适牌号和质量等级的钢材。

二、钢结构工程的主要材料

装配整体式混凝土结构用钢主要为碳素结构钢和低合金高强度结构钢两种。

1. 碳素结构钢

按国家标准《碳素结构钢》（GB/T 700—2006）生产的钢材共有 Q195、Q215、Q235、Q255 和 Q275 等，板材厚度不大于 16mm 的相应牌号钢材的屈服点分别为 195N/mm^2、215N/mm^2、235N/mm^2、255N/mm^2 和 275N/mm^2。其中 Q235 含碳量在 0.22% 以下，属于低碳钢，钢材的强度适中，塑性、韧性均较好。该牌号钢材又根据化学成分和冲击韧性的不同划分为 A、B、C、D 共 4 个质量等级，按字母顺序由 A 到 D，表示质量等级由低到高。除 A 级外，其他三个级别的含碳量均在 0.20% 以下，焊接性能也很好。因此，规范将 Q235 牌号的钢材选为承重结构用钢。碳素结构钢的化学成分和脱氧方法见表 3-1。

表 3-1　Q235 钢的化学成分和脱氧方法

牌号	等级	化学成分（%）					脱氧方法
		C	Mn	Si	S	P	
				不大于			
Q235	A	0.14~0.22	0.30~0.55	0.30	0.050	0.045	F、b、Z
	B	0.12~0.20	0.30~0.70		0.045		
	C	≤0.18	0.35~0.80		0.040	0.040	Z
	D	≤0.17			0.035	0.035	TZ

2. 低合金高强度结构钢

按国家标准《低合金高强度结构钢》（GB/T 1591—2018）生产的钢材共有 Q345、Q390、Q420、Q460、Q500、Q550、Q620 和 Q690 等 8 种牌号，板材厚度不大于 16mm 的相应牌号钢材的屈服点分别为 $345N/mm^2$、$390N/mm^2$、$420N/mm^2$、$460N/mm^2$、$500N/mm^2$、$550N/mm^2$、$620N/mm^2$ 和 $690N/mm^2$。这些钢材的含碳量均不大于 0.20%，强度的提高主要依靠添加少量几种合金元素，合金元素的总量低于 5%，故称为低合金高强度钢。其中 Q345、Q390 和 Q420 均按化学成分和冲击韧性各划分为 A、B、C、D、E 共 5 个质量等级，字母顺序越靠后的钢材质量越高。这三种牌号的钢材均有较高的强度和较好的塑性、韧性、焊接性能，被规范选为承重结构用钢。

3. 型钢

（1）型钢的分类。

1）按材质分类。型钢常用的材质如图 3-32 所示。

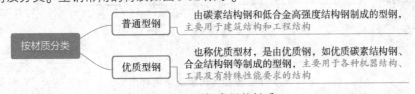

图 3-32　型钢常用的材质

2）按生产方法分类。生产型钢常用的方法如图 3-33 所示。

图 3-33　生产型钢常用的方法

3）按截面形状分类。型钢按截面形状分类如图 3-34 所示。

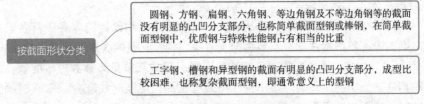

图 3-34　型钢按截面形状分类

（2）型钢的材料要求。装配整体式结构中，对型钢的材料要求应根据具体实际情况选用，钢材的各项性能指标均应符合现行国家标准《钢结构设计标准》（GB 50017—2017）的规定。

第三节　施 工 工 艺

一、装配整体式混凝土结构工程施工工艺

1. 预制混凝土施工流程

（1）预制柱施工流程。预制柱吊装施工流程如图 3-35 所示。

图 3-35　预制柱吊装施工流程图

（2）预制梁施工流程。预制梁吊装施工流程如图 3-36 所示。

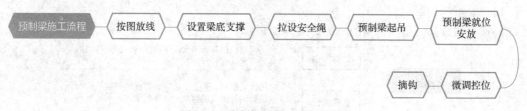

图 3-36　预制梁吊装施工流程图

（3）预制楼（屋）面板施工流程。预制楼（屋）面板吊装施工流程如图 3-37 所示。

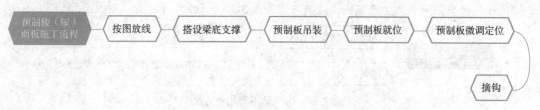

图 3-37　预制楼（屋）面板吊装施工流程图

2. 预制混凝土施工工艺要求

施工前，应先制订施工组织设计，明确施工方案。施工组织设计的内容应符合现行国家标准规定，施工方案的内容包括构件安装及节点施工方案、构件安装的质量管理及安全措施等。

（1）构件吊装与就位。吊具应根据预制构件形状、尺寸及重量等参数进行配置；未经设计允许不得对预制构件进行切割、开洞。预制构件吊装就位后，应及时校准并采取临时固定措施，每个预制构件临时固定不宜少于两道。

（2）**构件安装**。安装前，应清洁墙、柱构件接合面；采用钢筋套筒灌浆连接、钢筋浆锚搭接连接的，预制构件就位前，应检查套筒、预留孔的规格、位置、数量、深度等，清理套筒、预留孔内的杂物；灌浆前，应对接缝周围进行封堵，封堵措施应符合接合面承载力的设计要求。

（3）**构件连接**。在装配整体式结构中，节点及接缝处的纵向钢筋连接宜根据接头受力、施工工艺等要求选用机械连接、套筒灌浆连接、焊接连接等连接方式，并应符合国家现行有关标准的规定。

（4）**后浇混凝土施工**。浇筑前应将模板内的垃圾、泥土，钢筋上的油污等杂物清除干净，并检查钢筋的水泥砂浆垫块、塑料垫块是否垫好。如使用木模板时应浇水使模板湿润。浇筑用的材料强度等级应符合设计要求，待构件连接部位的后浇混凝土及灌浆料的强度达到设计要求后，方可拆除临时固定措施。

二、钢结构工程施工工艺

1. 钢柱安装

钢柱安装的施工工艺如图 3-38 所示。

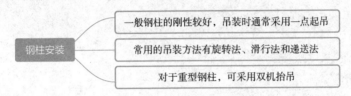

图 3-38　钢柱安装的施工工艺

2. 钢屋架安装

钢屋架安装的施工工艺如图 3-39 所示。

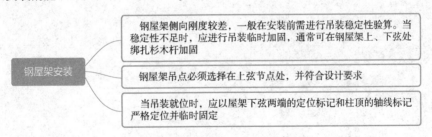

图 3-39　钢屋架安装的施工工艺

3. 吊车梁安装

吊车梁安装的施工工艺如图 3-40 所示。

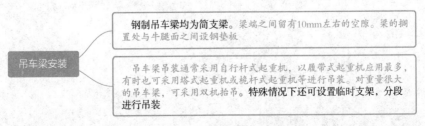

图 3-40　吊车梁安装的施工工艺

4. 钢桁架安装

钢桁架安装的施工工艺如图 3-41 所示。

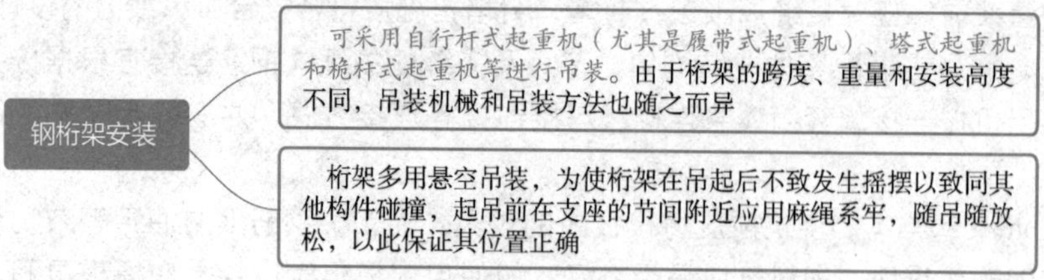

钢桁架安装 —— 可采用自行杆式起重机（尤其是履带式起重机）、塔式起重机和桅杆式起重机等进行吊装。由于桁架的跨度、重量和安装高度不同，吊装机械和吊装方法也随之而异

桁架多用悬空吊装，为使桁架在吊起后不致发生摇摆以致同其他构件碰撞，起吊前在支座的节间附近应用麻绳系牢，随吊随放松，以此保证其位置正确

图 3-41　钢桁架安装的施工工艺

第四章　建筑工程识图

第一节　建筑识图基础知识

一、建筑工程图样的类型

建筑施工图是用来表示房屋的规划位置、外部造型、内部布置、内外装修、细部构造、固定设施及施工要求等的图样。主要包括建筑施工图、结构施工图和设备施工图，如图4-1所示。

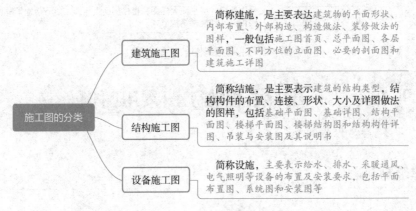

施工图的分类

建筑施工图 —— 简称建施，是主要表达建筑物的平面形状、内部布置、外部构造、构造做法、装修做法的图样，一般包括施工图首页、总平面图、各层平面图、不同方位的立面图、必要的剖面图和建筑施工详图

结构施工图 —— 简称结施，是主要表示建筑的结构类型，结构构件的布置、连接、形状、大小及详图做法的图样，包括基础平面图、基础详图、结构平面图、楼梯平面图、楼梯结构图和结构构件详图、吊装与安装图及其说明书

设备施工图 —— 简称设施，主要表示给水、排水、采暖通风、电气照明等设备的布置及安装要求，包括平面布置图、系统图和安装图等

图 4-1　施工图的分类

一套完整的房屋建筑工程图要按专业顺序排列，一般顺序为：图样封面、图样目录、建筑设计总说明、总平面图、建筑施工图、结构施工图、给水排水施工图、采暖施工图和电气施工图。各专业施工图的编排顺序按照全局性在前，局部性在后；先施工的在前，后施工的在后；重要的在前，次要的在后。

二、造价人员应了解的图样内容

建筑施工图的主要内容包括：图样目录、门窗表、建筑设计总说明、总平面图、建筑平面图、建筑立面图、建筑剖面图、节点大样及门窗大样图、楼梯大样图等，如图4-2所示。

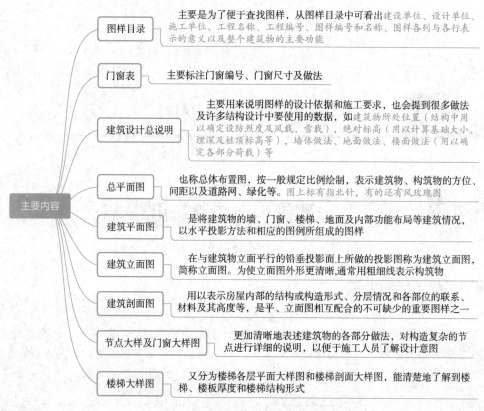

图 4-2　建筑施工图的主要内容

第二节　建筑工程施工图常用图例

一、常用建筑材料图例

常用建筑材料图例，见表 4-1。

表 4-1　常用建筑材料图例

名称	图　例	说　明
自然土壤		包括各种自然土壤
夯实土壤		
砂、灰土		靠近轮廓线绘较密的点
砂砾石、碎砖三合土		
石材		

（续）

名 称	图 例	说 明
毛石	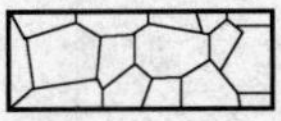	
普通砖	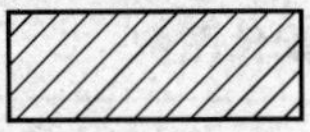	包括实心砖、多孔砖、砌块等砌体，当断面较窄不易绘出图例线时，可涂红
耐火砖	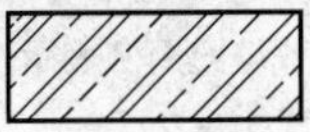	包括耐酸砖等砌体
空心砖	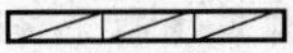	指非承重砖砌体
饰面砖	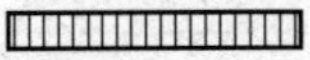	包括铺地砖、马赛克(陶瓷锦砖)人造大理石等
纤维材料	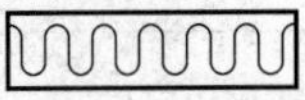	包括玻璃棉、麻丝等
泡沫塑料材料	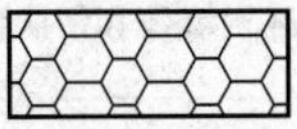	包括聚乙烯等多孔化合物
木材	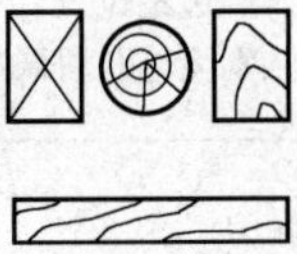	上图为横断面，下图为纵断面
胶合板		应注明×层胶合板
石膏板	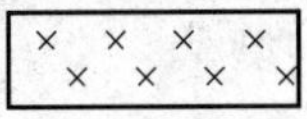	包括圆孔、方孔石膏板及防水石膏板等
金属		1)包括各种金属 2)图样较小时，可涂黑
网状材料		1)包括金属、塑料网状材料 2)应注明具体材料名称
液体	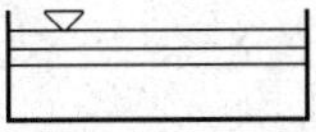	应注明具体液体名称
焦渣、矿渣	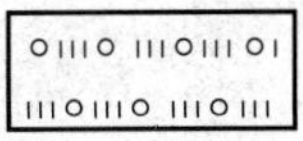	包括与水泥、石灰等混合而成的材料
混凝土		本图例指能承重的混凝土及钢筋混凝土
钢筋混凝土		
多孔材料	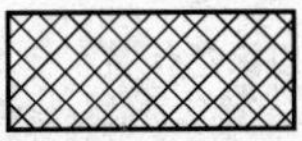	包括水泥珍珠岩、泡沫混凝土、非承重加气混凝土等

注：图例中的斜线、短斜线、交叉线等的角度一律为45°。

二、建筑构造及配件图例

常用建筑构造及配件图例，见表4-2。

表4-2　常用建筑构造及配件图例

名称	图例	说明
墙体		应加注文字或填充图例表示墙体材料,在项目设计图样说明中列材料图例表给予说明
隔断		1)包括板条抹灰、木制、石膏板、金属材料等隔断 2)适用于到顶与不到顶隔断
栏杆		
墙预留洞	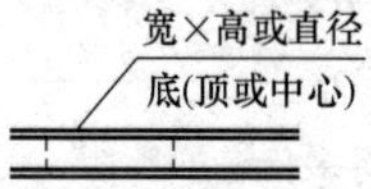 宽×高或直径 底(顶或中心)	1)以洞中心或洞边定位 2)宜以涂色区别墙体和留洞位置
墙预留槽	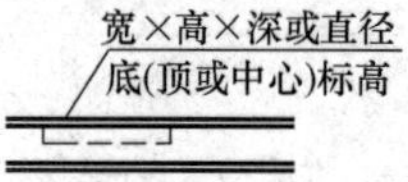 宽×高×深或直径 底(顶或中心)标高	1)以洞中心或洞边定位 2)宜以涂色区别墙体和留洞位置
楼梯	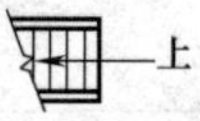 上	底层楼梯平面图
	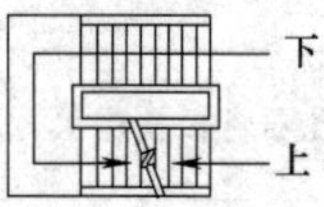 下 上	标准层楼梯平面图
	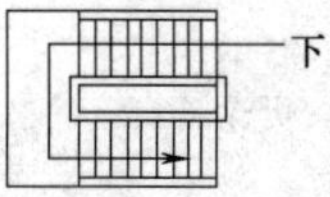 下	1)顶层楼梯平面图 2)楼梯及栏杆扶手的形式和梯段踏步数应按实际情况绘制
坡道	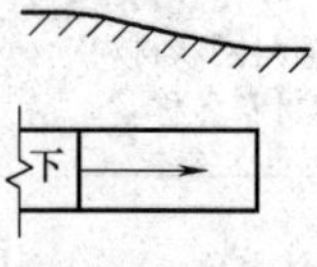 下	长坡道
	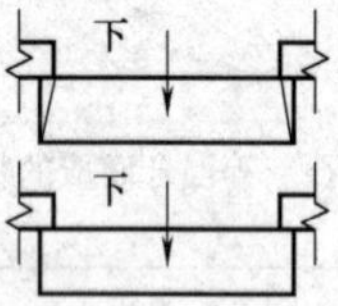 下 下	门口坡道
平面高差	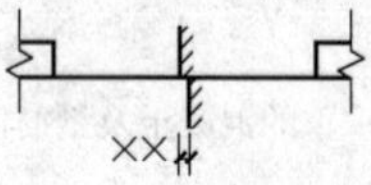 ××↓	适用于高差小于100mm的两个地面或楼面相接处
检查孔		左图为可见检查孔,右图为不可见检查孔
孔洞		阴影部分可以涂色代替
坑槽		

（续）

名 称	图 例	说 明
烟道	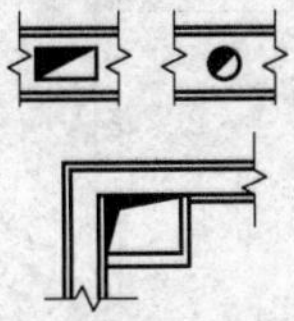	1）阴影部分可以涂色代替 2）烟道与墙体为同一材料，其相接处墙身线应断开
通风道	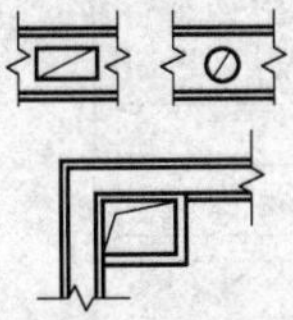	
新建的墙和窗		1）本图以小型砌块为图例，绘图时应按所用材料的图例绘制，不易以图例绘制的，可在墙面上以文字或代号注明 2）小比例绘图时平、剖面窗线可用单粗实线表示
电梯		1）电梯应注明类型，并绘出门和平衡锤的实际位置 2）观景电梯等特殊类型电梯应参照相关图例按实际情况绘制
自动扶梯	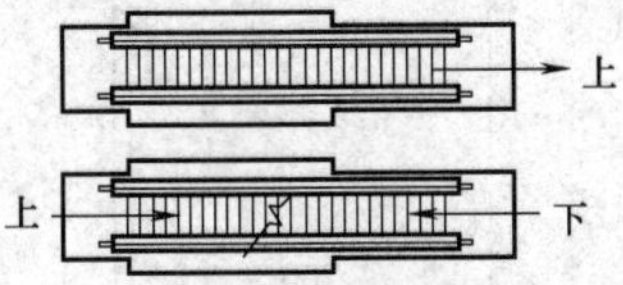	1）自动扶梯和自动人行道、自动人行坡道可正逆向运行，箭头方向为设计运行方向 2）自动人行坡道应在箭头线段尾部加注上或下
自动人行道及 自动人行坡道	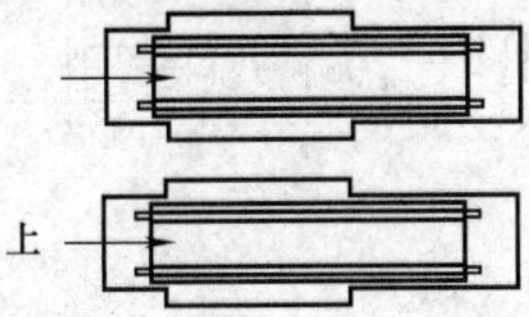	

第三节　建筑工程施工图基本规定

一、图纸幅面

（1）图纸幅面及图框尺寸一般可分为 5 种，具体尺寸见表 4-3。

表 4-3　幅面及图框尺寸　　　　　　　　　（单位：mm）

尺寸代号	A0	A1	A2	A3	A4
$b \times l$	841×1189	594×841	420×594	297×420	210×297
c		10		5	
a		25			

注：表中代号如图 4-3 所示。

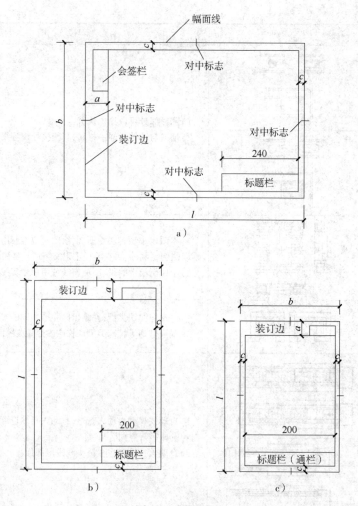

图 4-3　图纸幅面

a）A0～A3 横式幅面　b）A0～A3 立式幅面　c）A4 立式幅面

（2）图纸的短边一般不应加长，长边可加长，但应符合表 4-4 的规定。

表 4-4　图纸长边加长尺寸　　　　　　　　　　（单位：mm）

幅面尺寸	长边尺寸	长边加长后尺寸						
A0	1189	1486	1635	1783	1932	2080	2230	2378
A1	841	1051	1261	1471	1682	1892	2102	
A2	594	743	891	1041	1189	1338	1486	1635
A2	594	1783	1932	2080				
A3	420	630	841	1051	1261	1471	1682	1892

注：有特殊需要的图纸，可采用 $b \times l$ 为 841mm×891mm 与 1189mm×1261mm 的幅面。

（3）图纸以短边作为垂直边称为横式，以短边作为水平边称为立式。一般 A0～A3 图纸宜横式使用；必要时，也可立式使用。

（4）一个工程设计中，每个专业所使用的图纸，一般不宜多于两种幅面，不含目录及表格所采用的 A4 幅面。

二、图线

　　图线是指绘制工程图样所用的各种线条。为了使图形表达的内容清晰、重点突出，不同的图线都有各自的形式和宽度，详见表4-5。

表4-5　图线

图线名称		线　型	线宽	一　般　用　途
实线	粗	————————	b	本专业设备之间电气通路连接线、本专业设备可见轮廓线、图形符号轮廓线
	中粗	————————	$0.7b$	
			$0.7b$	本专业设备可见轮廓线、图形符号轮廓线、方框线、建筑物可见轮廓线
	中	————————	$0.5b$	
	细	————————	$0.25b$	非本专业设备可见轮廓线、建筑物可见轮廓线；尺寸、标高、角度等标注线及引出线
虚线	粗	- - - - - -	b	本专业设备之间电气通路不可见连接线，线路改造上原有线路
	中粗	- - - - -	$0.7b$	
			$0.7b$	本专业设备不可见轮廓线、地下电缆沟、排管区、隧道、屏蔽线、连锁线
	中	- - - - - -	$0.5b$	
	细	- - - - - - -	$0.25b$	非本专业设备不可见轮廓线及地下管沟、建筑物不可见轮廓线等
波浪线	粗	∿∿∿∿	b	本专业软管、软护套保护的电气通路连接线、蛇形敷设线缆
	中粗	∿∿∿∿	$0.7b$	
单点长画线		—— · —— · ——	$0.25b$	定位轴线、中心线、对称线；结构、功能、单元相同围框线
双点长画线		— ·· — ·· —	$0.25b$	辅助围框线、假想或工艺设备轮廓线
折断线		——／\———	$0.25b$	断开界线

三、字体

　　（1）图样上书写的文字、数字或符号等，均应笔画清晰、字体端正、排列整齐；标点符号应清楚正确。

　　（2）文字的字高大于10mm时宜采用 True Type 字体，当书写更大的字时，其高度应按2的倍数递增。应从表4-6中选用字高。

表4-6　文字的字高　　　　　　　　　　　　　　　　（单位：mm）

字体种类	中文矢量字体	True Type 字体及非中文矢量字体
字高	3. 5、5、7、10、14、20	3、4、6、8、10、14、20

　　（3）图样及说明中的汉字应用仿宋体或黑体，同一图样字体种类不应超过两种。大标题、图

册封面、地形图等的汉字，也可书写成其他字体，但应易于辨认。

（4）图样及说明中的拉丁字母、阿拉伯数字与罗马数字应用单线简体或 Roman 字体，拉丁字母、阿拉伯数字与罗马数字的字高，不应小于 2.5mm。

（5）数量的数值注写，应用正体阿拉伯数字。各种计量单位，凡前面有量值的，均应用国家颁布的单位符号注写。单位符号应用正体字母书写。

（6）分数、百分数和比例数应用阿拉伯数字和数学符号注写。

四、绘图比例

大部分电气图都是采用不按比例的图形符号绘制的，但施工平面图、电气构件详图一般是按比例绘制的，且多用缩小比例绘制。通用的缩小比例系数为 1:10、1:20、1:50、1:100、1:200、1:500。最常用比例为 1:100，即图样上图线长度为 1，实际长度为 100。对于选用的比例应在标题栏比例一栏中注明。一般情况下，一个图样应选用一个比例，但根据专业制图需要，同一图样可选用两种比例。特殊情况下也可自选比例，这时除应注出绘图比例外，还应在适当位置绘制出相应比例尺。

五、尺寸标注和标高

1. 标高的分类

（1）按基准面的选定情况分类。按基准面的选定情况分类，建筑物施工图一般有两种标高，如图 4-4 所示。

图 4-4　按基准面的选定情况分类

（2）按所注的部位分类。按所注的部位分类，可分为建筑标高和结构标高，如图 4-5 所示。

图 4-5　按所注的部位分类

建筑标高和结构标高如图 4-6 所示。

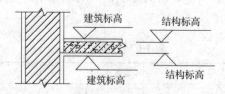

图 4-6　建筑标高和结构标高

2. 标高符号的表示

用细实线绘制标高符号，短横线是需标注高度的界限，长横线之上或之下标出标高数字。总平面图上的标高符号，宜用涂黑的三角形表示，如图4-7a所示。

3. 标高数值的标注

标高数值以米为单位，一般标注到小数点后3位。如标注数字前有"-"号的，表示该处完成位置的竖向高度在零点位置以下，如图4-7d所示；如标高数字前没有符号的，则表示该处完成位置的竖向高度在零点位置以上，如图4-7c所示；如同一位置表示几个不同标高时，标高数字可按图4-7e所示标注。

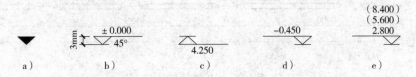

图4-7　标高数字的注写

a）总平面图标高　b）零点标高　c）正数标高　d）负数标高
e）一个标高符号标注多个标高数字

六、图幅分区与定位轴线

图幅分区法是在制图或改图的过程中，为了迅速找到图上的某一内容而采用的一种确定图上位置的方法，它是将图样上相互垂直的两对边各自加以等分。分区的数目由图的复杂程度决定，但每边分区的数目必须为偶数。每一分区的长度一般不小于25mm且不大于75mm。分区线用细实线。每个分区内，竖边方向用大写拉丁字母编号，横边方向用阿拉伯数字编号。如图4-8所示，编号的顺序应从图样左上角开始，分区代号用字母和数字表示，字母在前，数字在后，如B3、B4等。

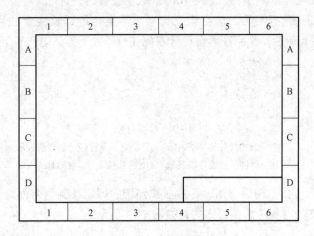

图4-8　图幅分区

定位轴线可以帮助人们明确各种电气设备的具体安装位置，计算电气管线的长度。

在建筑图上，承重墙、柱子、大梁或屋架等主要承重构件的位置都画有定位轴线并编上轴线号，如图4-9所示。

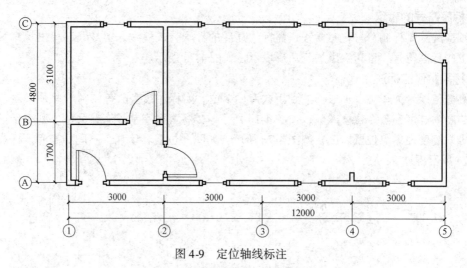

图 4-9   定位轴线标注

定位轴线编号时，水平方向采用阿拉伯数字，由左向右注写；垂直方向采用英文字母（I、O、Z 不用），由下向上注写；这些数字与字母均用点画线引出。

七、详图及其索引

（1）图样中的某一局部构件，如需另见详图，应以索引符号索引（图 4-10a）。索引符号是由直径为 8 ~ 10mm 的圆和水平直径组成，圆及水平直径应以细实线绘制。索引符号应按下列规定编写。

索引出的详图，如与被索引的详图同在一张图纸内，应在索引符号的上半圆中用阿拉伯数字注明该详图的编号，并在下半圆中间画一段水平细实线（图 4-10b）；如与被索引的详图不在同一张图纸内，应在索引符号的上半圆中用阿拉伯数字注明该详图的编号，在索引符号的下半圆用阿拉伯数字注明该详图所在图纸的编号（图 4-10c）。数字较多时，可加文字标注。

索引出的详图，如采用标准图，应在索引符号水平直径的延长线上加注该标准图集的编号（图 4-10d）。需要标注比例时，文字在索引符号右侧或延长线下方，与符号下对齐。

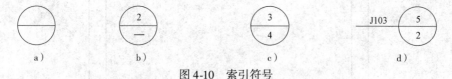

图 4-10   索引符号
a）某一局部构件另见详图表示   b）同在一张图纸上的详图表示
c）不在一张图纸上的详图表示   d）索引图采用标准图时的表示

（2）索引符号当用于索引剖面详图时，应在被剖切的部位绘制剖切位置线，并以引出线引出索引符号，引出线所在的一侧应为剖面方向，如图 4-11 所示。

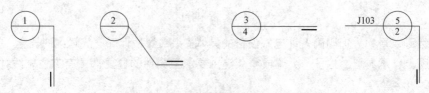

图 4-11   用于索引剖面详图的索引符号

（3）零件、钢筋、杆件、设备等的编号宜采用直径为 5～6mm 的细实线圆表示，同一图样应保持一致，编号应用阿拉伯数字按顺序编写。消火栓、配电箱、管井等的索引符号，直径宜采用 4～6mm。

第四节　建筑施工图的识读

一、总平面图的识读

用水平投影方法和相应的图例画出拟建工程四周一定范围内的新建、拟建、原有和拆除的建筑物、构筑物连同其周围的地形地物状况的图样，称为总平面图。总平面图的识读可归纳为总平面图的用途、基本内容和识读步骤这三个部分，如图 4-12 所示。

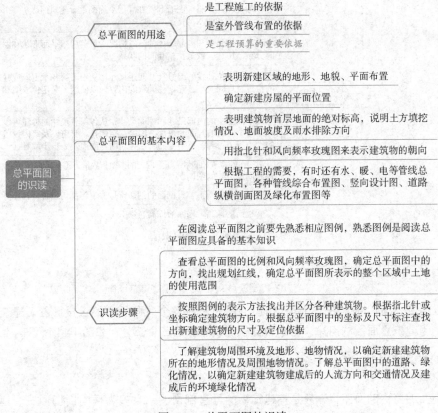

图 4-12　总平面图的识读

二、建筑平面图的识读

建筑平面图是为了表明屋面构造，一般还要画出屋顶平面图。它不是剖面图，其俯视屋顶的水平投影图，主要表示屋面的形状及排水情况和突出屋面的构造位置。建筑平面图的识读可归纳为建筑平面图的用途、基本内容和识读步骤这三个部分，如图 4-13 所示。

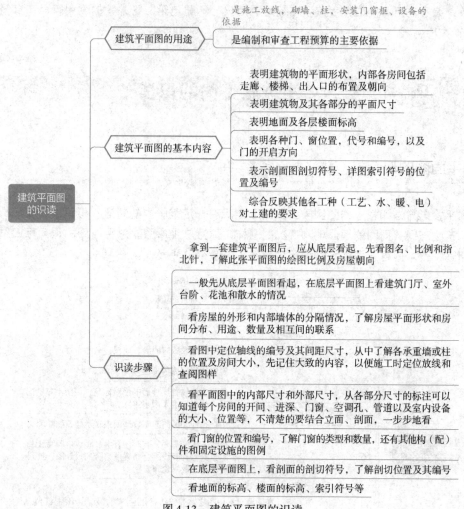

图 4-13　建筑平面图的识读

三、建筑立面图的识读

建筑立面图，简称立面图，就是对房屋的前后左右各个方向所作的正投影图。建筑立面图的识读可归纳为建筑立面图的用途、基本内容和识读步骤这三个部分，如图 4-14 所示。

四、建筑剖面图的识读

建筑剖面图简称剖面图，一般是指建筑物的垂直剖面图，且多为横向剖切形式。建筑剖面图的识读可归纳为建筑剖面图的用途、基本内容和识读步骤这三个部分，如图 4-15 所示。

五、建筑详图的识读

把房屋的某些细部构造及构（配）件用较大的比例将其形状、大小、材料和做法详细表达出来的图样，简称详图或大样图、节点图。建筑详图的分类如图 4-16 所示。

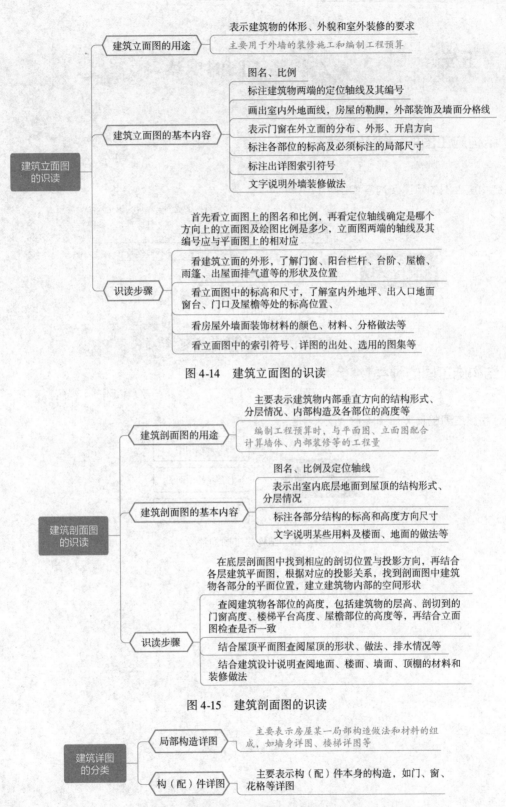

图 4-14　建筑立面图的识读

图 4-15　建筑剖面图的识读

图 4-16　建筑详图的分类

第五节　　结构施工图的识读

一、结构施工图的用途及内容

结构施工图的用途及内容如图 4-17 所示。

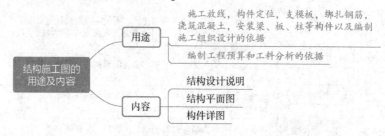

图 4-17　结构施工图的用途及内容

二、结构施工图的种类

结构施工图的种类如图 4-18 所示。

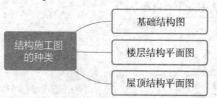

图 4-18　结构施工图的种类

第五章 建筑工程造价构成与计价

第一节 建筑工程造价及构成

一、工程造价的含义

工程造价是指工程项目从投资决策开始到竣工投产所需的全部建设费用。

工程造价在工程建设的不同阶段有具体的称谓，如投资决策阶段为投资估算，设计阶段为设计概算、施工图预算，招标投标阶段为最高投标限价、投标报价、合同价，施工阶段为竣工结算等。

二、工程造价的构成

1. 工程造价的费用构成

工程造价的费用构成如图 5-1 所示。

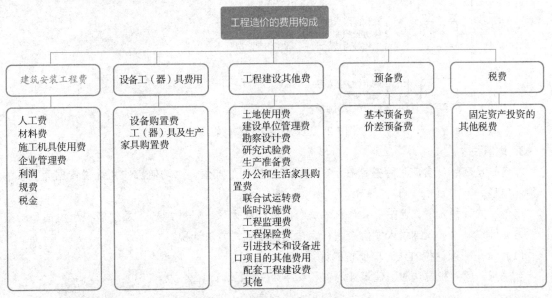

图 5-1　工程造价的费用构成

2. 按费用构成要素划分的建筑安装工程费用项目组成

建筑安装工程费的组成如图 5-2 所示。

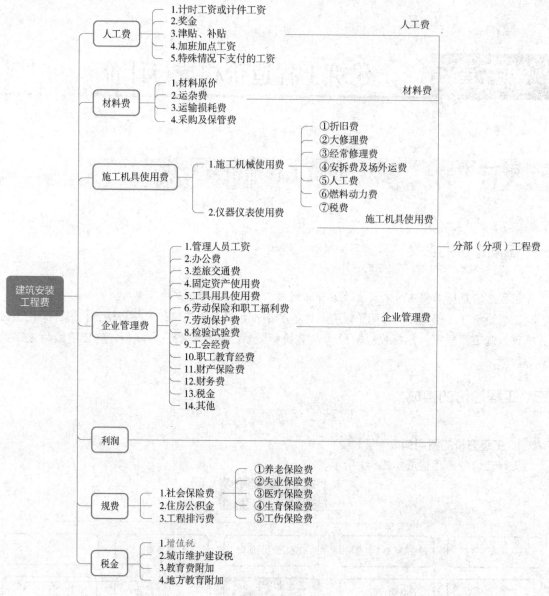

图 5-2　建筑安装工程费的组成

3. 增值税

增值税是商品（含应税劳务）在流转过程中产生的附加值，以增值额作为计税依据而征收的一种流转税。

增值税的计税方法，包括一般计税方法和简易计税方法。一般纳税人发生应税行为适用一般计税方法计税。小规模纳税人发生应税行为适用简易计税方法计税。

（1）采用一般计税方法时增值税的计算

当采用一般计税方法时，建筑业增值税税率为 9% 。其计算公式：

$$增值税 = 税前造价 \times 9\%$$

税前造价为人工费、材料费、施工机具使用费、企业管理费、利润和规费之和，各费用项目均以不包含增值税可抵扣进项税额的价格计算。

（2）采用简易计税方法时增值税的计算

当采用简易计税方法时，建筑业增值税税率为3%。其计算公式：

$$增值税 = 税前造价 \times 3\%$$

税前造价为人工费、材料费、施工机具使用费、企业管理费、利润和规费之和，各费用项目均以包含增值税可抵扣进项税额的价格计算。

第二节　　建筑工程造价的特征

一、工程造价的特征

工程造价的特征如图5-3所示。

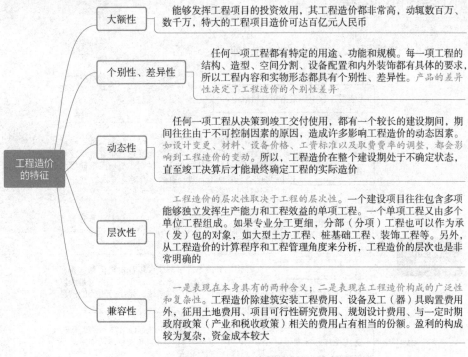

图5-3　工程造价的特征

二、工程计价的特征

工程计价的特征如图5-4所示。

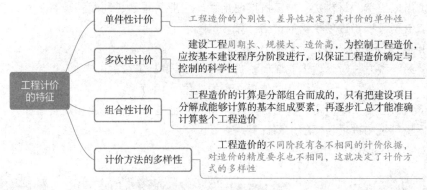

图 5-4 工程计价的特征

第三节 建筑工程计价的依据与方法

一、建筑工程计价的依据

工程造价计价的依据可以从六个方面编制，如图 5-5 所示。

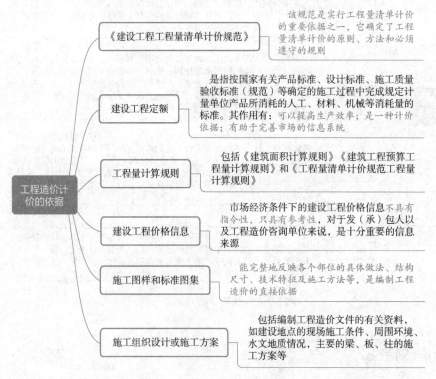

图 5-5 工程造价计价的依据

二、建筑工程计价的方法

建筑工程计价的方法可分为工料单价法、实物单价法和综合单价法，如图 5-6 所示。

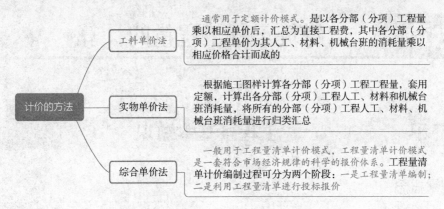

图 5-6　计价的方法

第六章　建筑工程工程量的计算

第一节　工程量基本知识

一、工程量概念

工程量是指以物理计量单位或自然计量单位所表示的分部（分项）工程项目和措施项目的数量。

物理计量单位是指以度量表示的长度、面积、体积和重量等计量单位。自然计量单位是指建筑成品表现在自然状态下的简单点数所表示的个、条、樘、块等计量单位。

二、工程量的作用

工程量的作用主要有三个，如图 6-1 所示。

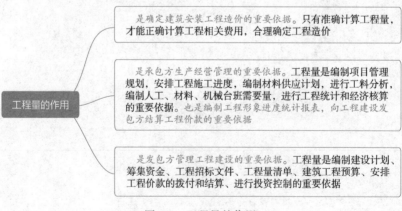

工程量的作用

> 是确定建筑安装工程造价的重要依据。只有准确计算工程量，才能正确计算工程相关费用，合理确定工程造价

> 是承包方生产经营管理的重要依据。工程量是编制项目管理规划，安排工程施工进度，编制材料供应计划，进行工料分析，编制人工、材料、机械台班需要量，进行工程统计和经济核算的重要依据。也是编制工程形象进度统计报表，向工程建设发包方结算工程价款的重要依据

> 是发包方管理工程建设的重要依据。工程量是编制建设计划、筹集资金、工程招标文件、工程量清单、建筑工程预算、安排工程价款的拨付和结算、进行投资控制的重要依据

图 6-1　工程量的作用

三、工程量计算的依据

工程量计算的依据如图 6-2 所示。

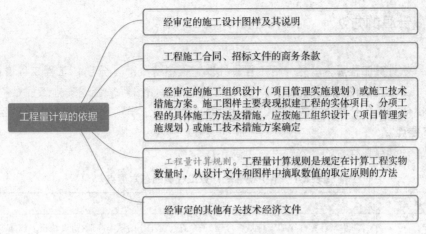

图 6-2 工程量计算的依据

四、工程量计算的顺序

工程量计算的顺序可分为两种，如图 6-3 所示。

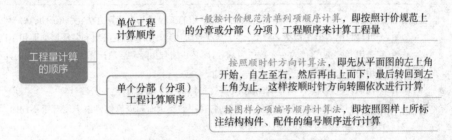

图 6-3 工程量计算的顺序

五、工程量计算的原则

工程量计算的原则如图 6-4 所示。

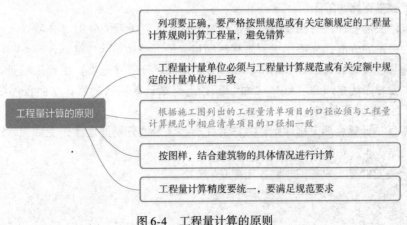

图 6-4 工程量计算的原则

六、工程量计算的方法

运用统筹法计算工程量，就是分析工程量计算过程中各分部（分项）工程工程量计算之间的固有规律和相互之间的依赖关系，运用统筹法原理和统筹图图解来合理安排工程量的计算程序，以达到节约时间、简化计算、提高工效、为及时准确地编制工程预算提供科学数据的目的。

1. 基本要点

运用统筹法计算工程量的基本要点，见表6-1。

表6-1　运用统筹法计算工程量的基本要点

项　　目	内　　容
统筹程序,合理安排	工程量计算程序的安排是否合理,关系着计量工作的效率高低、进度快慢。按施工顺序计算工程量,往往不能充分利用数据间的内在联系而形成重复计算,浪费时间和精力,有时还易出现计算差错
利用基数,连续计算	就是以"线"或"面"为基数,利用连乘或加减,算出与它有关的分部(分项)工程工程量
一次算出,多次使用	在工程量计算过程中,往往有一些不能用"线""面"基数进行连续计算的项目,如木门窗、屋架、钢筋混凝土预制标准构件等
结合实际,灵活机动	用"线""面""册"计算工程量,是一般常用的工程量基本计算方法,实践证明,在一般工程上完全可以利用。但在特殊工程上,由于基础断面、墙厚、砂浆强度等级和各楼层的面积不同,就不能完全用"线"或"面"的一个数作为基数,而必须结合实际灵活地计算。一般常遇到的几种情况及采用的方法如下: (1)分段计算法。当基础断面不同,在计算基础工程量时,就应分段计算 (2)分层计算法。如遇多层建筑物,各楼层的建筑面积或砌体砂浆强度等级不同时,均可分层计算 (3)补加计算法。即在同一分项工程中,遇到局部外形尺寸或结构不同时,为便于利用基数进行计算,可先将其看作相同条件计算,然后再加上多出部分的工程量 (4)补减计算法。与补加计算法相似,只是在原计算结果上减去局部不同部分工程量

2. 统筹图

运用统筹法计算工程量，就是要根据统筹法原理对计价规范中清单列项和工程量计算规则，设计出计算工程量程序统筹图。

统筹图以"三线一面"作为基数，连续计算与之有共性关系的分部（分项）工程工程量，而与基数无共性关系的分部（分项）工程工程量则用"册"或图示尺寸进行计算。

（1）统筹图主要由计算工程量的主次程序线、基数、分部（分项）工程工程量计算式及计算单位组成。主要程序线是指"线""面"基数上连续计算项目的线，次要程序线是指在分部（分项）项目上连续计算的线。

（2）统筹图的计算程序安排原则：共性合在一起，个性分别处理；先主后次，统筹安排；独立项目单独处理。

（3）用统筹法计算工程量的步骤，如图6-5所示。

图6-5　用统筹法计算分部（分项）工程工程量的步骤

a）第一步　b）第二步　c）第三步　d）第四步　e）第五步

七、工程量计算的注意事项

工程量计算的注意事项如图6-6所示。

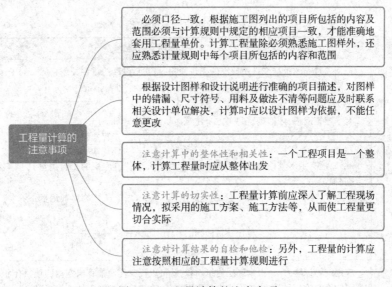

图6-6　工程量计算的注意事项

建筑面积计算

一、建筑面积的计算概念

建筑物的水平面面积，即外墙勒脚以上各层水平投影面积的总和。建筑面积包括内容如图 6-7 所示。有效面积是指使用面积和辅助面积的总和。

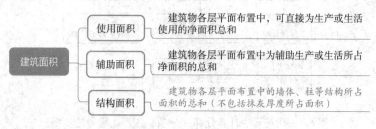

图 6-7　建筑面积

二、建筑面积的作用

建筑面积计算是工程计量中的最基础工作，在工程建设中具有重要意义。计算建筑面积的作用见表 6-2。

表 6-2　建筑面积计算的作用

项　目	内　容
确定建设规模的重要指标	根据项目立项批准文件所核准的建筑面积，是初步设计的重要控制指标。对于国家投资的项目，施工图的建筑面积不得超过初步设计的 5%，否则必须重新报批
确定各项技术经济指标的基础	有了建筑面积，才能确定每平方米建筑面积的工程造价 $$单位面积工程造价 = \frac{工程造价}{建筑面积}$$ 此外，还有很多其他的技术经济指标(如每平方米建筑面积的工料用量)，也需要建筑面积这一数据，如： $$单位建筑面积的材料消耗指标 = \frac{工程材料耗用量}{建筑面积}$$ $$单位建筑面积的人工用量 = \frac{工程人工工日耗用量}{建筑面积}$$
计算有关分项工程工程量的依据	应用统筹计算方法，根据底层建筑面积，就可以很方便地推算出室内回填土体积、地(楼)面面积和顶棚面积等。另外，建筑面积也是脚手架、垂直运输机械费用的计算依据
选择概算指标和编制概算的主要依据	概算指标通常是以建筑面积为计量单位。用概算指标编制概算时，要以建筑面积为计算基础

三、建筑面积的计算规则

建筑面积的计算主要依据《建筑工程建筑面积计算规范》（GB/T 50353—2013），该规范的内容包括总则、术语、计算建筑面积的规定和条文说明四部分，规定了计算建筑全部面积、计算建筑部分面积和不计算建筑面积的情形及计算规则。

1. 计算建筑面积的范围及规则

（1）单层建筑物的建筑面积，应按其外墙勒脚以上结构外围水平面积计算，并应符合下列规定：

1）单层建筑物高度在2.20m及以上者应计算全面积；高度不足2.20m者应计算1/2面积。

2）利用坡屋顶内空间时净高超过2.10m部位应计算全面积；净高在1.20~2.10m部位应计算1/2面积；净高不足1.20m的部位不应计算面积，如图6-8所示。

注：计算规则中单层建筑物的高度是指室内地面标高至屋面板板面结构标高之间的垂直距离；遇有以屋面板找坡的平屋顶单层建筑物，其高度是指室内地面标高至屋面板最低处板面结构标高之间的垂直距离，如图6-9所示。净高指楼面或地面至上部楼板底或吊顶底面之间的垂直距离。单层建筑物应按不同的高度确定其面积计算。计算规则规定，建筑面积是以勒脚以上外墙结构外边线计算，即建筑面积不包括勒脚，因为勒脚是墙根部很矮的一

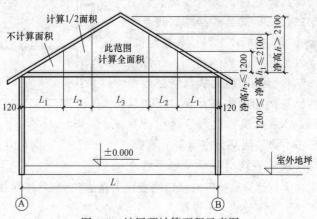

图6-8 坡屋顶计算面积示意图

部分墙体加厚，不能代表整个外墙结构，在计算中要扣除勒脚墙体加厚的部分。这也说明建筑面积只包括外墙的结构面积，不包括勒脚及外墙抹灰厚度、装饰材料厚度所占面积。

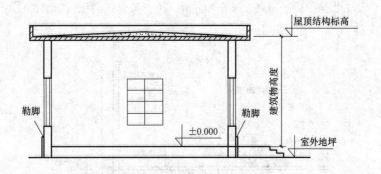

图6-9 单层建筑物高度示意图

（2）单层建筑物内设有局部楼层者，局部楼层的二层及以上楼层，有围护结构的应按其围护结构外围水平面积计算，无围护结构的应按其结构底板水平面积计算。层高在2.20m及以上者应

计算全面积；层高不足 2.20m 者应计算 1/2 面积。

注：计算规则中局部楼层的二层及以上楼层有围护结构的应按其围护结构外围水平面积计算，即局部楼层的墙厚应包括在楼层面积中。

（3）多层建筑物首层应按其外墙勒脚以上结构外围水平面积计算；二层及以上楼层应按其外墙结构外围水平面积计算。层高在 2.20m 及以上者应计算全面积；层高不足 2.20m 者应计算 1/2 面积。多层建筑物计算面积，如图 6-10 所示。

注：计算规则中层高是指上、下两层楼面结构标高之间的垂直距离。建筑物最底层的层高，有基础底板的按基础底板上表面结构至上层楼面的结构标高之间的垂直距离；没有基础底板的按地面标高至上层楼面结构标高之间的垂直距离。最上一层的层高是其楼面结构标高至屋面板板面结构标高之间的垂直距离，遇有以屋面板找坡的屋面，层高指楼面结构标高至屋面板最低处板面结构标高之间的垂直距离。与单层相同，多层建筑物的建筑面积计算也应按不同的层高分别计算；勒脚、抹灰厚度或装饰材料厚度也不计入

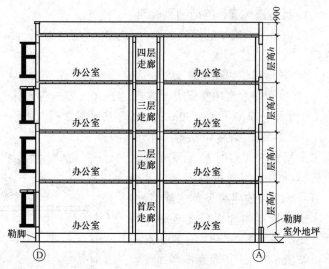

图 6-10　多层建筑计算面积示意图

建筑面积。计算规则中的"二层及以上楼层"，当各层平面布置、面积不相同时，要分层计算其结构外围所围成的水平面积。

（4）多层建筑坡屋顶内和场馆看台下，当设计加以利用时净高超过 2.10m 的部位应计算全面积；净高在 1.20～2.10m 部位应计算 1/2 面积；当设计不利用或室内净高不足 1.20m 时不应计算面积。多层建筑坡屋顶、单层建筑物坡屋顶及场馆看台下的空间的建筑面积计算规则是一样的，设计加以利用时，应按其净高确定建筑面积的计算。即：当净高 h_1 >2.10m 时，计算全面积；当 1.20m≤净高 h_2≤2.10m 时，计算 1/2 面积；当净高 h_3<1.20m 时，不计算建筑面积，如图 6-11 所示。

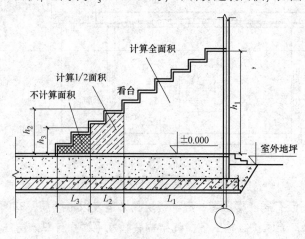

图 6-11　场馆看台计算面积示意图

（5）地下室、半地下室（车间、商店、车站、车库、仓库等），包括相应的有永久性顶盖的出入口，应按其外墙上口（不包括采光井、外墙防潮层及其保护墙）外边线所围水平面积计算。层高在2.20m及以上者应计算全面积；层高不足2.20m者应计算1/2面积，如图6-12所示。房间地坪低于室外地坪的高度超过该房间净高的1/2者为地下室；房间地坪低于室外地坪的高度超过该房间净高的1/3，且不超过1/2者为半地下室。

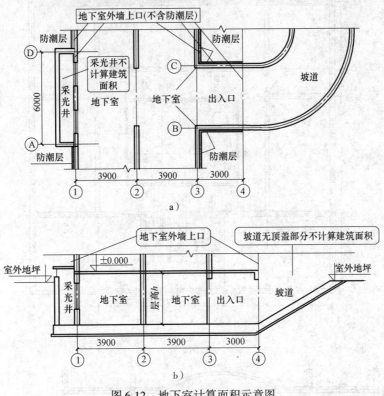

图6-12　地下室计算面积示意图

（6）坡地的建筑物吊脚架空层、深基础架空层，设计加以利用并有围护结构的，层高在2.20m及以上的部位应计算全面积；层高不足2.20m的部位应计算1/2面积。设计加以利用、无围护结构的建筑吊脚架空层，应按其利用部位水平面积的1/2计算；设计不利用的深基础架空层（图6-13）、坡地吊脚架空层（图6-14）、多层建筑坡屋顶内、场馆看台下的空间不应计算面积。

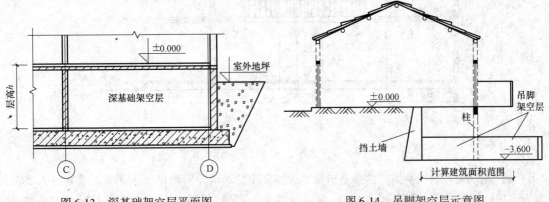

图6-13　深基础架空层平面图　　　　图6-14　吊脚架空层示意图

（7）建筑物的门厅、大厅按一层计算建筑面积。门厅、大厅内设有回廊时，应按其结构底板水平面积计算。层高在 2.20m 及以上者应计算全面积；层高不足 2.20m 者应计算 1/2 面积，如图 6-15 所示。

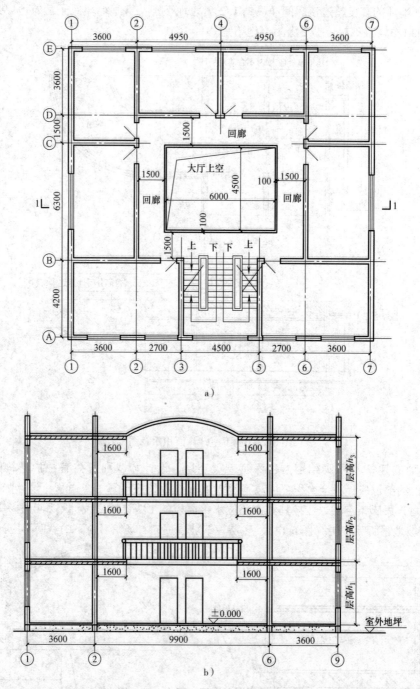

图 6-15　大厅、回廊计算面积示意图

（8）建筑物间有围护结构的架空走廊，应按其围护结构外围水平面积计算。层高在 2.20m 及以上者应计算全面积；层高不足 2.20m 者应计算 1/2 面积。有永久性顶盖无围护结构的应按其结构底板水平面积的 1/2 计算。

注：计算规则中的架空走廊指建筑物与建筑物之间，在二层或二层以上专门为水平交通设置的走廊，如图 6-16 所示。

（9）立体书库、立体仓库、立体车库，无结构层的应按一层计算，有结构层的应按其结构层面积分别计算。层高在 2.20m 及以上者应计算全面积；层高不足 2.20m 者应计算 1/2 面积，如图 6-17所示。

注：计算规则明确了立体书库、立体仓库、立体车库的建筑面积应按结构层区分不同的层高进行计算确定而不是按货架层或书架层计算。

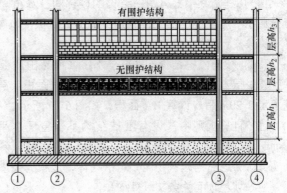

图 6-16　架空走廊计算面积示意图

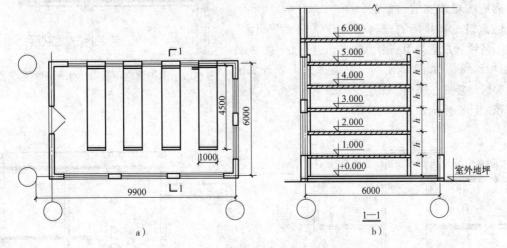

图 6-17　立体书库计算面积示意图

a）平面图　b）剖面图

（10）有围护结构的舞台灯光控制室，应按其围护结构外围水平面积计算。层高在 2.20m 及以上者应计算全面积；层高不足 2.20m 者应计算 1/2 面积。

（11）建筑物外有围护结构的落地橱窗、门斗、挑廊、走廊、檐廊，应按其围护结构外围水平面积计算。层高在 2.20m 及以上者应计算全面积；层高不足 2.20m 者应计算 1/2 面积。有永久性顶盖无围护结构的应按其结构底板水平面积的 1/2 计算。

（12）有永久性顶盖无围护结构的场馆看台应按其顶盖水平投影面积的 1/2 计算。场馆看台，如图 6-18 所示。

注：计算规则中"场馆"实质上是指"场"（如足球场、网球场等）看台上有永久性顶盖部分。"馆"是有永久性顶盖和围护结构的，应按单层或多层建筑相关规定计算面积。

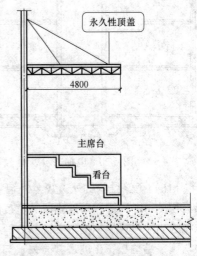

图 6-18　场馆看台剖面图

（13）建筑物顶部有围护结构的楼梯间、水箱间、电梯机房等，层高在2.20m及以上者应计算全面积；层高不足2.20m者应计算1/2面积，如遇建筑物屋顶的楼梯间是坡屋顶，应按坡屋顶的相关条文计算面积。

（14）设有围护结构不垂直于水平面而超出底板外沿的建筑物，应按其底板面的外围水平面积计算。层高在2.20m及以上者应计算全面积；层高不足2.20m者应计算1/2面积，如图6-19所示。

注：计算规则中"设有围护结构不垂直于水平面而超出底板外沿的建筑物"是指向建筑物外倾斜的墙体。若遇有向建筑物内倾斜的墙体，应视为坡屋顶，应按坡屋顶有关条文计算面积。

（15）建筑物内的室内楼梯间、电梯井、观光电梯井、提物井、管道井、通风排气竖井、垃圾道、附墙烟囱应按建筑物的自然层计算，如图6-20所示。遇跃层建筑，其共用的室内楼梯应按自然层计算；上、下两错层户室共用的室内楼梯，应选上一层的自然层计算面积，如图6-21所示。在建筑面积计算时要正确区分复式、跃层、错层房屋的不同特征，其建筑面积的计算规则是不尽相同的。

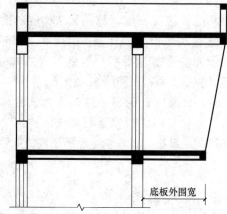

图6-19　围护结构不垂直于水平面的建筑物

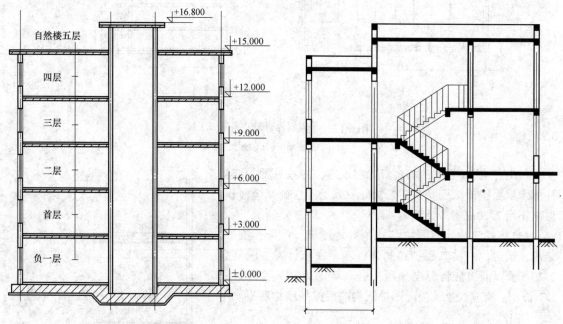

图6-20　电梯井示意图　　　　图6-21　错层室内楼梯示意图

（16）雨篷结构的外边线至外墙结构外边线的宽度超过2.10m者，应按雨篷结构板的水平投影面积的1/2计算。雨篷均以其宽度超过2.10m或不超过2.10m衡量，超过2.10m者应按雨篷的结构板水平投影面积的1/2计算。有柱雨篷与无柱雨篷的计算方法一致，即雨篷建筑面积的计算仅与雨篷结构板宽出的尺寸有关，与柱子的数量无关。

（17）有永久性顶盖的室外楼梯，应按建筑物自然层的水平投影面积的1/2计算，如图6-22

所示。若最上层楼梯无永久性顶盖，或有不能完全遮盖楼梯的雨篷，上层楼梯不计算面积，上层楼梯可视为下层楼梯的永久性顶盖，下层楼梯应计算面积。

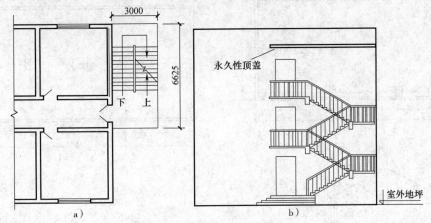

图 6-22 室外楼梯示意图

a) 平面图 b) 立面图

（18）建筑物的阳台均应按其水平投影面积的 1/2 计算。建筑物的阳台，不论是凹阳台、挑阳台、封闭阳台、不封闭阳台，均按其水平投影面积的 1/2 计算，如图 6-23 所示。

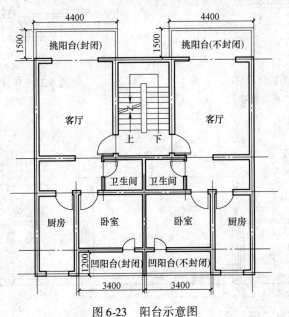

图 6-23 阳台示意图

（19）有永久性顶盖无围护结构的车棚、货棚、站台、加油站、收费站等，应按其顶盖水平投影面积的 1/2 计算，如图 6-24、图 6-25 所示。

注：计算规则中"应按其顶盖水平投影面积的 1/2 计算"说明，无围护结构的车棚、货棚、站台、加油站等计算建筑面积均不以柱来确定，而依据顶盖的水平投影面积计算。当有围护结构时，应区别不同的高度进行计算。

（20）高低连跨的建筑物，应以高跨结构外边线为界分别计算建筑面积；其高低跨内部连通时，其变形缝应计算在低跨面积内，如图 6-26 所示。

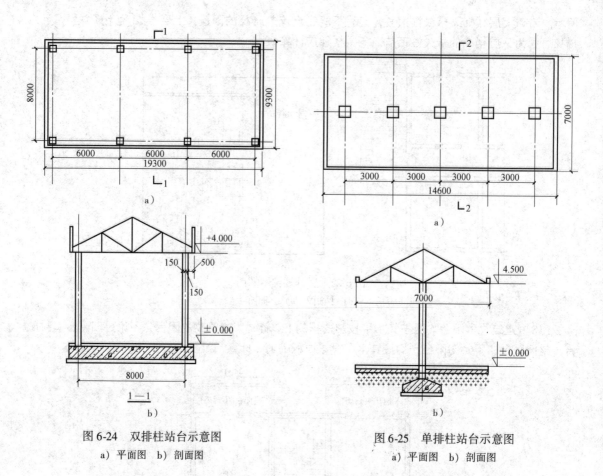

图 6-24　双排柱站台示意图
a）平面图　b）剖面图

图 6-25　单排柱站台示意图
a）平面图　b）剖面图

图 6-26　高低连跨及内部连通建筑物变形缝示意图

（21）以幕墙作为围护结构的建筑物，应按幕墙外边线计算建筑面积。幕墙通常有两种，围护性幕墙和装饰性幕墙，围护性幕墙计算建筑面积，装饰性幕墙一般贴在墙外皮，其厚度不再计算建筑面积。

（22）建筑物外墙外侧有保温隔热层的，应按保温隔热层外边线计算建筑面积。

（23）建筑物内的变形缝，应按其自然层合并在建筑物面积内计算，如图 6-27 所示。计算规则中的"变形缝"是与建筑物相连通的变形缝，即暴露在建筑物内，在建筑物内可以看得见的变形缝。

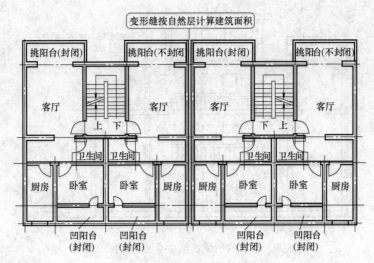

图 6-27 建筑物内变形缝示意图

2. 不计算建筑面积的范围

（1）建筑物通道（骑楼、过街楼的底层），如图 6-28 所示。建筑物通道包括骑楼及过街楼的底层。所谓骑楼，是指楼层部分跨在人行道上的临街楼房；所谓过街楼，是指有道路穿过建筑物空间的楼房。

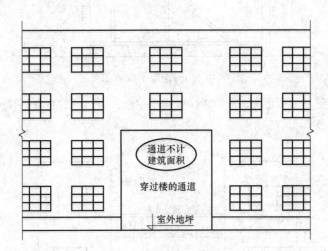

图 6-28 建筑物通道示意图

（2）建筑物内的设备管道夹层。设备管道夹层一般用来集中布置水、暖、电、通风管道及设备等，不应计算建筑面积。

（3）建筑物内分隔的单层房间，舞台及后台悬挂幕布、布景的天桥、挑台等。

（4）屋顶水箱、花架、凉棚、露台、露天游泳池，如图 6-29 所示。

（5）建筑物内的操作平台、上料平台、安装箱和罐体的平台，如图 6-30 所示。

（6）勒脚、附墙柱垛、台阶、墙面抹灰、装饰面、镶贴块料面层、装饰性幕墙、空调室外机搁板（箱）、飘窗、构件、配件、宽度在 2.10m 及以内的雨篷，以及与建筑物内不相连通的装饰性阳台、挑廊。

注：以上内容均不属于建筑结构，所以不应计算建筑面积。

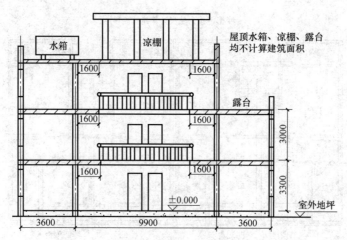

图 6-29 建筑物屋顶水箱、凉棚、露台示意图

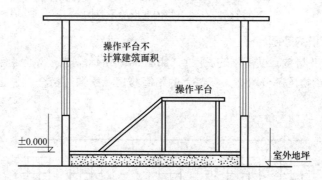

图 6-30 车间操作平台示意图

（7）无永久性顶盖的架空走廊、室外楼梯和用于检修、消防等的室外钢楼梯、爬梯，如图 6-31 所示。

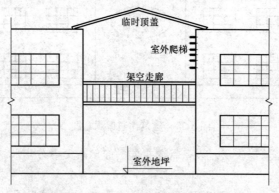

图 6-31 架空走廊、室外爬梯示意图

（8）自动扶梯、自动人行道。自动扶梯（斜步道滚梯），除两端固定在楼层板或梁之外，扶梯本身属于设备，为此扶梯不宜计算建筑面积。水平步道（滚梯）属于安装在楼板上的设备，所以也不应单独计算建筑面积。

（9）独立烟囱、烟道、地沟、油（水）罐、气柜、水塔、储油（水）池、储仓、栈桥、地下人防通道、地铁隧道。

3. 建筑面积计算实例

【例 6-1】已知如图 6-32 所示为一高低连跨单层工业厂房，求该建筑物的建筑面积。

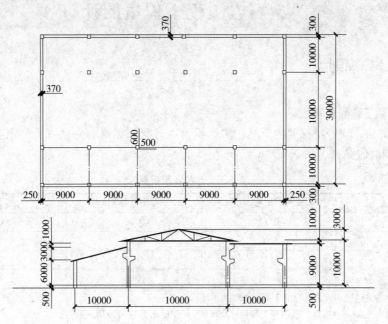

图 6-32 高低连跨建筑物

【错误答案】

解：6m 高跨建筑面积 $S_1 = 45 \times 10 = 450\,(\text{m}^2)$

9m 高跨建筑面积 $S_2 = 45 \times 10 = 450\,(\text{m}^2)$

10m 高跨建筑面积 $S_3 = 45 \times 10 = 450\,(\text{m}^2)$

总建筑面积 $S = 450 + 450 + 450 = 1350\,(\text{m}^2)$

计算此类建筑物时，按一般单层建筑物对待即可，不必区分高跨低跨。

$$S = 45 \times 30 = 1350\,(\text{m}^2)$$

解析：本题主要考核的是建筑面积的计算。由此看出，做这道题时，考生没有理解建筑面积的含义。建筑面积 = 居住面积 + 辅助面积 + 结构面积，而结构面积是指建筑物各层平面中墙、柱等结构所占的面积。上题没有把结构面积考虑进去，因此是错误的。

【正确答案】

解：6m 高跨建筑面积 $S_1 = (45 + 0.5) \times (10 + 0.3 - 0.3) = 455\,(\text{m}^2)$

9m 高跨建筑面积 $S_2 = (45 + 0.5) \times (10 + 0.3 - 0.3) = 455\,(\text{m}^2)$

10m 高跨建筑面积 $S_3 = (45 + 0.5) \times (10 + 0.6) = 482.3\,(\text{m}^2)$

总建筑面积 $S = 455 + 455 + 482.3 = 1392.3\,(\text{m}^2)$

计算此类建筑物时，按一般单层建筑物对待即可，不必区分高跨低跨。

$$S = (45 + 0.5) \times (30 + 0.3 + 0.3) = 1392.3\,(\text{m}^2)$$

第三节　土石方工程工程量的计算

一、工程量计算规则

1. 基础定额工程量计算规则

（1）土方体积，均以挖掘前的天然密实体积为准计算。如遇有必须以天然密实体积折算时，可按表 6-3 所列数值换算。

表 6-3　土方体积折算

虚方体积	天然密实度体积	夯实后体积	松填体积
1.00	0.77	0.67	0.83
1.30	1.00	0.87	1.08
1.50	1.15	1.00	1.25
1.20	0.92	0.80	1.00

注：1. 虚方是指未经碾压、堆积时间不超过 1 年的土壤。

　　2. 本表按《全国统一建筑工程预算工程量计算规则》（GJDGZ 101—1995）整理。

　　3. 设计密实度超过规定的，填方体积按工程设计要求执行；无设计要求按各省、自治区、直辖市或行业建设行政主管部门规定的系数执行。

（2）挖土一律以设计室外地坪标高为准计算。

（3）土石方工程基础定额具体工程量计算规则如下：

1）平整场地及碾压。

① 人工平整场地是指建筑场地挖、填土方厚度在 ±30cm 以内及找平。挖、填土方厚度超过 ±30cm 时，按场地土方平衡竖向布置图另行计算。

② 平整场地工程量按建筑物外墙外边线每边各加 2m，以平方米计算。

③ 建筑场地原土碾压以平方米计算，填土碾压按图示填土厚度以立方米计算。

2）挖掘沟槽、基坑土方。

① 沟槽、基坑、土方的划分：凡图示沟槽底宽在 3m 以内，且沟槽长大于槽宽 3 倍以上的，为沟槽；凡图示基坑底面积在 20m² 以内的为基坑；凡图示沟槽底宽 3m 以外，坑底面积 20m² 以外，平整场地挖土厚度在 30cm 以外，均按挖土方计算。

② 计算挖沟槽、基坑、土方工程量需放坡时，放坡系数按表 6-4 规定计算。

表 6-4　放坡系数

土类别	放坡起点/m	人工挖土	机械挖土		
			在沟槽、坑内作业	在沟槽侧、坑边上作业	顺沟槽方向坑上作业
一、二类土	1.20	1:0.50	1:0.33	1:0.75	1:0.50
三类土	1.50	1:0.33	1:0.25	1:0.67	1:0.33
四类土	2.00	1:0.25	1:0.10	1:0.33	1:0.25

注：1. 沟槽、基坑中土的类别不同时，分别按其放坡起点、放坡系数，依不同土的厚度加权平均计算。

　　2. 计算放坡时，在交接处的重复工程量不予扣除，原槽、坑作基础垫层时，放坡自垫层上表面开始计算。

③ 挖沟槽、基坑需支挡土板时，其宽度按图示沟槽、基坑底宽，单面加 10cm，双面加 20cm

计算。挡土板面积，按槽、坑垂直支撑面积计算，支挡土板后，不得再计算放坡。

④ 基础施工所需工作面宽度，按表6-5规定计算。

⑤ 挖沟槽长度，外墙按图示中心线长度计算；内墙按图示基础底面之间净长线长度计算；内外凸出部分（垛、附墙烟囱等）体积并入沟槽土方工程量内计算。

⑥ 人工挖土方深度超过1.5m时，按表6-6增加工日。

⑦ 挖管道沟槽按图示中心线长度计算，沟底宽度，设计有规定的，按设计规定尺寸计算，设计无规定的，可按表6-7规定的宽度计算。

表6-5　基础施工所需工作面宽度计算

基础材料	每边各增加工作面宽度/mm
砖基础	200
浆砌毛石、条石基础	150
混凝土基础垫层支模板	300
混凝土基础支模板	300
基础垂直面作防水层	1000（防水层面）

注：本表按《全国统一建筑工程预算工程量计算规则》（GJDGZ 101—1995）整理。

表6-6　人工挖土方超深增加工日

深2m以内	深4m以内	深6m以内
5.55 工日	17.60 工日	26.16 工日

表6-7　管道地沟沟底宽度计算

管径/mm	铸铁管、钢管、石棉水泥管/m	混凝土、钢筋混凝土、预应力混凝土管/m
50～70	0.60	0.80
100～200	0.70	0.90
250～350	0.80	1.00
400～450	1.00	1.30
500～600	1.30	1.50
700～800	1.60	1.80
900～1000	1.80	2.00
1100～1200	2.00	2.30
1300～1400	2.20	2.60

注：1. 按本表计算管道沟土方工程量时，各种井类及管道（不含铸铁给水排水管）接口等处需加宽增加的土方量不另行计算，底面积大于20m²的井类，其增加工程量并入管沟土方内计算。

　　2. 铺设铸铁给水排水管道时其接口等处土方增加量，可按铸铁给水排水管道地沟土方总量的2.5%计算。

⑧ 沟槽、基坑深度，按图示沟槽、基坑底面至室外地坪深度计算；管道地沟按图示沟底至室外地坪深度计算。

（4）石方工程。

岩石开凿及爆破工程量，区别石质按下列规定计算。

1）人工凿岩石，按图示尺寸以立方米计算。

2）爆破岩石按图示尺寸以立方米计算，其沟槽、基坑深度、宽度允许超挖量：次坚石为200mm，特坚石为150mm，超挖部分岩石并入岩石挖方量之内计算。

（5）土石方运输与回填。

1）土石方回填。

回填土区分夯填、松填，按图示回填体积并依下列规定，以立方米计算。

① 沟槽、基坑回填土，沟槽、基坑回填体积以挖方体积减去设计室外地坪以下埋设砌筑物（包括基础垫层、基础等）体积计算。

② 管道沟槽回填，以挖方体积减去管径所占体积计算。管径在 500mm 以下的不扣除管道所占体积；管径超过 500mm 时，按表 6-8 规定扣除管道所占体积计算。

表 6-8 管道扣除土方体积

管道名称	管道直径/mm					
	501～600	601～800	801～1000	1001～1200	1201～1400	1401～1600
钢管	0.21	0.44	0.71			
铸铁管	0.24	0.49	0.77			
混凝土管	0.33	0.60	0.92	1.15	1.35	1.55

③ 房心回填土，按主墙之间的面积乘以回填土厚度计算。

④ 余土或取土工程量计算：余土外运体积 = 挖土总体积 − 回填土总体积

式中计算结果为正值时，为余土外运体积，负值时为取土体积。

⑤ 地基强夯按设计图示强夯面积，区分夯击能量，夯击遍数以平方米计算。

2）土方运距。

① 推土机推土运距：按挖方区重心至回填区重心之间的直线距离计算。

② 铲运机运土运距：按挖方区重心至卸土区重心加转向距离 45m 计算。

③ 自卸汽车运土运距：按挖方区重心至填土区（或堆放地点）重心的最短距离计算。

2. 工程量清单计算规则

（1）土方工程（编码：010101）工程量清单项目设置及工程量计算规则见表 6-9。

表 6-9 土方工程（编码：010101）

项目编码	项目名称	项目特征	计量单位	工程量计算规则	工程内容
010101001	平整场地	1）土壤类别 2）弃土运距 3）取土运距	m²	按设计图示尺寸以建筑物首层面积计算	1）土方挖填 2）场地找平 3）运输
010101002	挖一般土方	1）土壤类别 2）挖土深度 3）弃土运距		按设计图示尺寸以体积计算	1）排地表水 2）土方开挖 3）围挡（挡土板）拆除 4）基底钎探 5）运输
010101003	挖沟槽土方			按设计图示尺寸以基础垫层底面积乘以挖土深度计算	
010101004	挖基坑土方		m³		
010101005	冻土开挖	1）冻土厚度 2）弃土运距		按设计图示尺寸开挖面积乘以厚度以体积计算	1）爆破 2）开挖 3）清理 4）运输
001011006	挖淤泥、流沙	1）挖掘深度 2）弃淤泥、流沙距离		按设计图示位置、界限以体积计算	1）开挖 2）运输

注：1. 挖土方平均厚度应按自然地面测量标高至设计地坪标高间的平均厚度确定。基础土方开挖深度应按基础垫层底表面标高至交付施工场地标高确定，无交付施工场地标高时，应按自然地面标高确定。

2. 建筑物场地厚度 ≤±300mm 的挖、填、运、找平，应按本表中平整场地项目编码列项。厚度 >±300mm 的竖向布置挖土或山坡切土应按本表中挖一般土方项目编码列项。

3. 沟槽、基坑、一般土方的划分为：底宽 ≤7m 且底长 >3 倍底宽为沟槽；底长 ≤3 倍底宽且底面积 ≤150m² 为基坑；超出上述范围则为一般土方。

4. 挖土方如需截桩头时，应按桩基工程相关项目列项。

5. 桩间挖土不扣除桩的体积，并在项目特征中加以描述。

6. 弃土、取土运距可以不描述，但应注明由投标人根据施工现场实际情况自行考虑，决定报价。

7. 挖土出现流沙、淤泥时，应根据实际情况由发包人与承包人双方现场签证确认工程量。

8. 土方体积应按挖掘前的天然密实体积计算。如需按天然密实体积折算时，应按规范计算。

（2）石方工程（编码：010102）工程量清单项目设置及工程量计算规则见表6-10。

表6-10　石方工程（编码：010102）

项目编码	项目名称	项目特征	计量单位	工程量计算规则	工程内容
010102001	挖一般石方	1）岩石类别 2）开凿深度 3）弃渣运距	m^3	按设计图示尺寸以体积计算	1）排地表水 2）凿石 3）运输
010102002	挖沟槽石方			按设计图示尺寸沟槽底面积乘以挖石深度以体积计算	
010102003	挖基坑石方			按设计图示尺寸基坑底面积乘以挖石深度以体积计算	
010102004	挖管沟石方	1）岩石类别 2）管外径 3）挖沟深度	1）m 2）m^3	1）以米计量，按设计图示以管道中心线长度计算 2）以立方米计量，按设计图示截面面积乘以长度计算	1）排地表水 2）凿石 3）回填 4）运输

注：1. 挖石应按自然地面测量标高至设计地坪标高的平均厚度确定。基础石方开挖深度应按基础垫层底表面标高至交付施工场地标高确定，无交付施工场地标高时，应按自然地面标高确定。

2. 厚度＞±300mm的竖向布置挖石或山坡凿石应按本表中挖一般石方项目编码列项。

3. 沟槽、基坑、一般石方的划分为：底宽≤7m且底长＞3倍底宽为沟槽；底长≤3倍底宽且底面积≤150m² 为基坑；超出上述范围则为一般石方。

4. 弃渣运距可以不描述，但应注明由投标人根据施工现场实际情况自行考虑，决定报价。

5. 石方体积应按挖掘前的天然密实体积计算，如需按天然密实体积折算时，应按规范计算。

（3）土（石）方运输与回填工程（编码：010103）工程量清单项目设置及工程量计算规则见表6-11。

表6-11　土石方回填（编码：010103）

项目编码	项目名称	项目特征	计量单位	工程量计算规则	工程内容
010103001	回填方	1）密实度要求 2）填方材料品种 3）填方粒径要求 4）填方来源、运距	m^3	按设计图示尺寸以体积计算 1）场地回填：回填面积乘以平均回填厚度 2）室内回填：主墙间面积乘以回填厚度，不扣除间隔墙 3）基础回填：按挖方清单项目工程量减去自然地坪以下埋设的基础体积（包括基础垫层及其他构筑物）	1）运输 2）回填 3）压实
010103002	余方弃置	1）废弃料品种 2）运距		按挖方清单项目工程量减利用回填方体积（正数）计算	余方点装料运输至弃置点

注：1. 填方密实度要求，在无特殊要求情况下，项目特征可描述为满足设计和规范的要求。

2. 填方材料品种可以不描述，但应注明由投标人根据设计要求验方后方可填入，并符合相关工程的质量规范要求。

3. 填方粒径要求，在无特殊要求情况下，项目特征可以不描述。

4. 如需买土回填应在项目特征填方来源中描述，并注明买土方数量。

二、工程量计算实例

【例6-2】挖方形地坑，如图6-33所示。工作面宽度$c = 150mm$，放坡系数1:0.25，四类土。坑深2.8m，角锥体积为0.46m³。试计算其挖土方工程量。

【错误答案】

解：（1）定额工程量：

挖土方工程量 = $(2.8 + 0.25 \times 2.8)^2 \times 2.8 + 0.46 = 34.76(m^3)$

（2）清单工程量：

挖土方工程量 = $2.8 \times 2.8 \times 2.8 \times 0.25 = 5.4875(m^3)$

解析：本题主要考核的是清单平整场地工程量。由此看出，在计算定额工程量

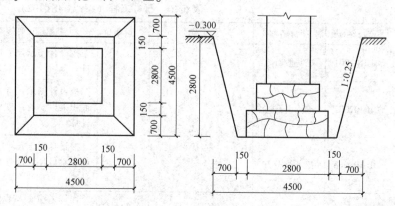

图6-33 方形地坑开挖放坡示意图

时，因为有放坡系数，故将工作面两边宽度计算在内。在计算清单工程量时，计算其土方量即长×宽×高，因此以上答案是错误的。

【正确答案】

解：（1）定额工程量：

挖土方工程量 = $(2.8 + 0.3 + 0.25 \times 2.8)^2 \times 2.8 + 0.46 = 40.89(m^3)$

（2）清单工程量：

挖土方工程量 = $2.8 \times 2.8 \times 2.8 = 21.95(m^3)$

第四节 桩基工程工程量的计算

一、工程量计算规则

1. 基础定额工程量计算规则

（1）计算打桩（灌注桩）工程量前应确定下列事项。

1）确定土质级别：依工程地质资料中的土层构造、土的物理、化学性质及每米沉桩时间鉴别适用定额土质级别。

2）确定施工方法，工艺流程，采用机型，桩、土的泥浆运距。

（2）打预制钢筋混凝土桩的体积，按设计桩长（包括桩尖，不扣除桩尖虚体积）乘以桩截面面积计算。管桩的空心体积应扣除。如管桩的空心部分按设计要求灌注混凝土或其他填充材料时，应另行计算。

（3）接桩：电焊接桩按设计接头，以个数计算，硫黄胶泥接桩截面以平方米计算。

（4）送桩：按桩截面面积乘以送桩长度（即打桩架底至桩顶面高度或自桩顶面至自然地坪面另加 0.5m）计算。

（5）打拔钢板桩按钢板桩重量以吨计算。

（6）打孔灌注桩。

1）混凝土桩、砂桩、碎石桩的体积，按设计规定的桩长（包括桩尖，不扣除桩尖虚体积）乘以钢管管箍外径截面面积计算。

2）扩大桩的体积按单桩体积乘以次数计算。

3）打孔后先埋入预制混凝土桩尖，再灌注混凝土者，桩尖按钢筋混凝土章节规定计算体积，灌注桩按设计长度（自桩尖顶面至桩顶面高度）乘以钢管管箍外径截面面积计算。

（7）钻孔灌注桩，按设计桩长（包括桩尖，不扣除桩尖虚体积）增加 0.25m 乘以设计断面面积计算。

（8）灌注混凝土桩的钢筋笼制作依设计规定，按钢筋混凝土章节相应项目以吨计算。

（9）泥浆运输工程量按钻孔体积以立方米计算。

（10）其他。

1）安装、拆卸导向夹具，按设计图样规定的水平延长米计算。

2）桩架调面只适用轨道式、走管式、导杆、筒式柴油打桩机，以次数计算。

2. 工程量清单项目设置及计算规则

（1）打桩（编码：010301）工程量清单项目设置及工程量计算规则见表 6-12。

表 6-12 打桩（编码：010301）

项目编码	项目名称	项目特征	计量单位	工程量计算规则	工程内容
010301001	预制钢筋混凝土方桩	1）地层情况 2）送桩深度、桩长 3）桩截面 4）桩倾斜度 5）沉桩方法 6）接桩方式 7）混凝土强度等级	1）m 2）m³ 3）根	1）以米计量，按设计图示尺寸以桩长（包括桩尖）计算 2）以立方米计量，按设计图示截面面积乘以桩长（包括桩尖）以实体积计算 3）以根计量，按设计图示数量计算	1）工作平台搭拆 2）桩机竖拆、移位 3）沉桩 4）接桩 5）送桩
010301002	预制钢筋混凝土管桩	1）地层情况 2）送桩深度、桩长 3）桩外径、壁厚 4）桩倾斜度 5）沉桩方法 6）桩尖类型 7）混凝土强度等级 8）填充材料种类 9）防护材料种类			1）工作平台搭拆 2）桩机竖拆、移位 3）沉桩 4）接桩 5）送桩 6）桩尖制作安装 7）填充材料、刷防护材料
010301003	钢管桩	1）地层情况 2）送桩深度、桩长 3）材质 4）管径、壁厚 5）桩倾斜度 6）沉桩方法 7）填充材料种类 8）防护材料种类	1）t 2）根	1）以吨计量，按设计图示尺寸以质量计算 2）以根计量，按设计图示数量计算	1）工作平台搭拆 2）桩机竖拆、移位 3）沉桩 4）接桩 5）送桩 6）切割钢管、精割盖帽 7）管内取土 8）填充材料、刷防护材料

（续）

项目编码	项目名称	项目特征	计量单位	工程量计算规则	工程内容
010301004	截（凿）桩头	1）桩类型 2）桩头截面、高度 3）混凝土强度等级 4）有无钢筋	1）m³ 2）根	1）以立方米计量，按设计桩截面乘以桩头长度以体积计算 2）以根计量，按设计图示数量计算	1）截（切割）桩头 2）凿平 3）废料外运

注：1. 项目特征中的桩截面、混凝土强度等级、桩类型等可直接用标准图代号或设计桩型进行描述。
　　2. 预制钢筋混凝土方桩、预制钢筋混凝土管桩项目以成品桩编制，应包括成品桩购置费，如果用现场预制，应包括现场预制桩的所有费用。
　　3. 打试验桩和打斜桩应按相应项目单独列项，并应在项目特征中注明试验桩或斜桩（斜率）。
　　4. 截（凿）桩头项目适用于《房屋建筑与装饰工程工程量计算规范》（GB 50854—2013）中所列桩的桩头截（凿）。
　　5. 预制钢筋混凝土管桩桩顶与承台的连接构造按《房屋建筑与装饰工程工程量计算规范》（GB 50854—2013）中相关项目列项。

（2）灌注桩工程（编码：010302）工程量清单项目设置及工程量计算规则见表6-13。

表6-13　灌注桩（编码：010302）

项目编码	项目名称	项目特征	计量单位	工程量计算规则	工程内容
010302001	泥浆护壁成孔灌注桩	1）地层情况 2）空桩长度、桩长 3）桩径 4）成孔方法 5）护筒类型、长度 6）混凝土种类、强度等级	1）m 2）m³ 3）根	1）以米计量，按设计图示尺寸以桩长（包括桩尖）计算 2）以立方米计量，按不同截面在桩长范围内以体积计算 3）以根计量，按设计图示数量计算	1）护筒埋设 2）成孔、固壁 3）混凝土制作、运输、灌注、养护 4）土方、废泥浆外运 5）打桩场地硬化及泥浆池、泥浆沟
010302002	沉管灌注桩	1）地层情况 2）空桩长度、桩长 3）复打长度 4）桩径 5）沉管方法 6）桩尖类型 7）混凝土种类、强度等级			1）打（沉）拔钢管 2）桩尖制作、安装 3）混凝土制作、运输、灌注、养护
010302003	干作业成孔灌注桩	1）地层情况 2）空桩长度、桩长 3）桩径 4）护孔直径、高度 5）成孔方法 6）混凝土种类、强度等级			1）成孔、扩孔 2）混凝土制作、运输、灌注、振捣、养护
010302004	挖孔桩土（石）方	1）地层情况 2）挖孔深度 3）弃土（石）运距	m³	按设计图示尺寸（含护壁）截面面积乘以挖孔深度以立方米计算	1）排地表水 2）挖土、凿石 3）基底钎探 4）运输

（续）

项目编码	项目名称	项目特征	计量单位	工程量计算规则	工程内容
010302005	人工挖孔灌注桩	1）桩芯长度 2）桩芯直径、扩底直径、扩底高度 3）护壁厚度、高度 4）护壁混凝土种类、强度等级 5）桩芯混凝土种类、强度等级	1）m³ 2）根	1）以立方米计量，按桩芯混凝土体积计算 2）以根计量，按设计图示数量计算	1）护壁制作 2）混凝土制作、运输、灌注、振捣、养护
010302006	钻孔压浆桩	1）地层情况 2）空钻长度、桩长 3）钻孔直径 4）水泥强度等级	1）m 2）根	1）以米计量，按设计图示尺寸以桩长计算 2）以根计量，按设计图示数量计算	钻孔、下注浆管、投放骨料、浆液制作、运输、压浆
010302007	灌注桩后压浆	1）注浆导管材料、规格 2）注浆导管长度 3）单孔注浆量 4）水泥强度等级	孔	按设计图示以注浆孔数计算	1）注浆导管制作、安装 2）浆液制作、运输、压浆

注：1. 项目特征中的桩长应包括桩尖，空桩长度＝孔深－桩长，孔深为自然地面至设计桩底的深度。
  2. 项目特征中的桩截面（桩径）、混凝土强度等级、桩类型等可直接用标准图代号或设计桩型进行描述。
  3. 泥浆护壁成孔灌注桩是指在泥浆护壁条件下成孔，采用水下灌注混凝土的桩。其成孔方法包括冲击钻成孔、冲抓锥成孔、回旋钻成孔、潜水钻成孔、泥浆护壁的旋挖成孔等。
  4. 沉管灌注桩的沉管方法包括锤击沉管法、振动沉管法、振动冲击沉管法、内夯沉管法等。
  5. 干作业成孔灌注桩是指不用泥浆护壁和套管护壁的情况下，用钻机成孔后，下钢筋笼，灌注混凝土的桩，适用于地下水位以上的土层使用。其成孔方法包括螺旋钻成孔、螺旋钻成孔扩底、干作业的旋挖成孔等。
  6. 混凝土种类：指清水混凝土、彩色混凝土、水下混凝土等，如在同一地区既使用预拌（商品）混凝土，又允许现场搅拌混凝土时，也应注明。
  7. 混凝土灌注桩的钢筋笼制作、安装，按《房屋建筑与装饰工程工程量计算规范》（GB 50854—2013）中相关项目编码列项。

二、工程量计算实例

【例6-3】如图6-34所示，桩基础采用长螺旋钻孔灌注混凝土桩，桩长10.5m，土质为二级土，共计150根，计算钻孔灌注桩工程量。

【错误答案】

解：（1）定额工程量：$V = 1/4\pi 0.5^2 \times 10.5 \times 150 = 309.09(\text{m}^3)$

（2）清单工程量：$L = \pi \times 0.25^2 \times 150 = 29.44(\text{m})$

解析：本题主要考核的是钻孔灌注桩的工程量。从清单工程量的计算结果来看，明显是错误的。

【正确答案】

解：（1）定额工程量：$V = 1/4\pi 0.5^2 \times (10.5 + 0.25) \times 150 = 316.45(\text{m}^3)$

（2）清单工程量：$L = (10.5 + 0.25) \times 150 = 1612.5(\text{m})$ 或150根

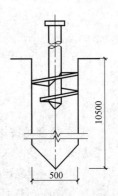

图6-34　钻孔灌注桩

第五节　砌筑工程工程量的计算

一、工程量计算规则

1. 基础定额工程量计算规则

（1）砖基础。

1）基础与墙身（柱身）的划分。

① 基础与墙（柱）身使用同一种材料时，以设计室内地面为界（有地下室者，以地下室室内设计地面为界），以下为基础，以上为墙（柱）身，如图6-35所示。

② 基础与墙身使用不同材料时，位于设计室内地面 ±300mm 以下时，以不同材料为分界线，如图6-36a所示；超过 ±300mm 时，以设计室内地面为分界线，如图6-36b。

③ 砖、石围墙，以设计室外地坪为界线，以下为基础，以上为墙身。

2）砖基础长度。

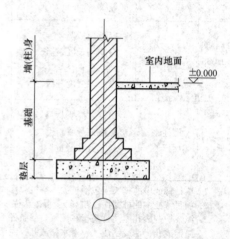

图6-35　同一材料基础与墙（柱）身划分

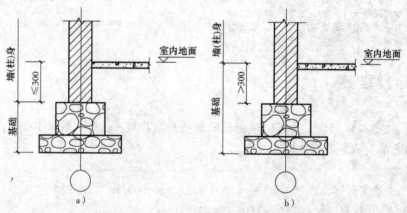

图6-36　不同材料基础与墙身（柱）划分
a）不同材料基础与墙（柱）身划分（300mm 以下）
b）不同材料基础与墙（柱）身划分（300mm 以上）

① 外墙墙基按外墙中心线长度计算；内墙墙基按内墙基净长计算。基础大放脚 T 形接头处的重叠部分，以及嵌入基础的钢筋、铁件、管道、基础防潮层及单个面积在 0.3m² 以内孔洞所占体积不予扣除，但靠墙暖气沟的挑檐亦不增加。附墙垛基础宽出部分体积应并入基础工程量内。内墙基净长如图6-37所示。

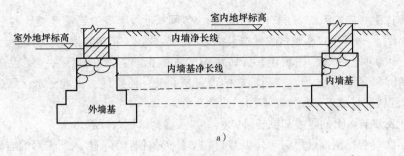

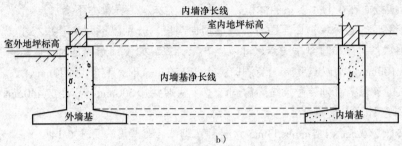

图 6-37　内墙基净长

a) 砖石基础　b) 混凝土基础

② 砖砌挖孔桩护壁工程量按实砌体积计算。

3) 条形砖基础大放脚的断面面积的确定方法：砖基础的大放脚通常采用等高式和不等高式两种砌法，如图 6-38 所示。

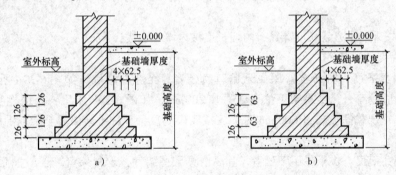

图 6-38　大放脚砖基础

a) 等高式　b) 不等高式

采用大放脚砌筑法时，砖基础断面面积常按下述两种方法计算：

① 采用折加高度计算，用公式表示为

$$基础断面面积 = 基础墙高度 \times (基础高度 + 折加高度)$$

式中，基础高度是指垫层上表面至室内地面的高度，折加高度的计算方法见如下公式：

$$折加高度 = \frac{大放脚增加断面面积}{基础墙宽度}$$

② 采用增加断面面积计算，见如下公式：

$$基础断面面积 = 基础墙宽度 \times 基础高度 + 大放脚增加断面面积$$

（2）砖砌体。

1) 一般规则。

① 计算墙体时，应扣除门窗洞口、过人洞、空圈、嵌入墙身的钢筋混凝土柱、梁（包括过梁、圈梁、挑梁）、砖砌平拱和暖气包壁龛及内墙板头的体积，不扣除梁头、外墙板头、檩头、垫木、木楞头、沿椽木、木砖、门窗走头、砖墙内的加固钢筋、木筋、铁件、钢管及每个面积在 $0.3m^2$ 以下的孔洞等所占的体积，突出墙面的窗台虎头砖、压顶线、山墙泛水、烟囱根、门窗套及三皮以内的腰线和挑檐等体积亦不增加。

② 砖垛、三皮砖以上的腰线和挑檐等体积，并入墙身体积内计算。

③ 附墙烟囱（包括附墙通风道、垃圾道）按其外形体积计算，并入所依附的墙体积内，不扣除每一个孔洞横截面在 $0.1m^2$ 以下的体积，但孔洞内的抹灰工程量亦不增加。

④ 女儿墙高度，自外墙顶面至图示女儿墙顶面高度，分别以不同墙厚并入外墙计算。

⑤ 砖砌平拱、平砌砖过梁按图示尺寸以立方米计算。如设计无规定时，砖砌平拱按门窗洞口宽度两端共加100mm，乘以高度（门窗洞口宽小于1500mm 时，高度为240mm，大于1500mm 时，高度为365mm）计算；平砌砖过梁按门窗洞口宽度两端共加500mm，高度按440mm 计算。

2）砌体厚度计算。

① 标准砖以240mm×115mm×53mm 为准，其砌体计算厚度，见表6-14。

表6-14　标准砖墙墙厚计算

砖数（厚度）	1/4	1/2	3/4	1	1.5	2	2.5	3
计算厚度/mm	53	115	180	240	365	490	615	740

② 使用非标准砖时，其砌体厚度应按砖实际规格和设计厚度计算。

3）墙的长度。

外墙长度按外墙中心线长度计算，内墙长度按内墙净长线计算。

4）墙身高度的计算。

① 外墙墙身高度：斜（坡）屋面无檐口顶棚者算至屋面板底，如图 6-39a 所示；有屋架，且室内外均有顶棚者，算至屋架下弦底面另加200mm，如图 6-39b 所示；无顶棚者算至屋架下弦底加300mm；出檐宽度超过600mm 时，应按实砌高度计算；平屋面算至钢筋混凝土板底，如图 6-39c 所示。

② 内墙墙身高度：位于屋架下弦者，其高度算至屋架底；无屋架者算至顶棚底另加100mm；有钢筋混凝土楼板隔层者算至板底；有框架梁时算至梁底面。

③ 内、外山墙，墙身高度：按其平均高度计算。

5）框架间砌体工程量计算。

内外墙分别以框架间的净空面积乘以墙厚计算，框架外表镶贴砖部分亦并入框架间砌体工程量内计算

6）空花墙计算。

按空花部分外形体积以立方米计算，空花部分不予扣除，其中实体部分以立方米另行计算。

7）空斗墙工程量计算。

① 空斗墙按外形尺寸以立方米计算。

② 墙角、内外墙交接处、门窗洞口立边、窗台砖及屋檐处的实砌部分已包括在定额内，不另行计算，但窗间墙、窗台下、楼板下、梁头下等实砌部分，应另行计算，套零星砌体定额项目。

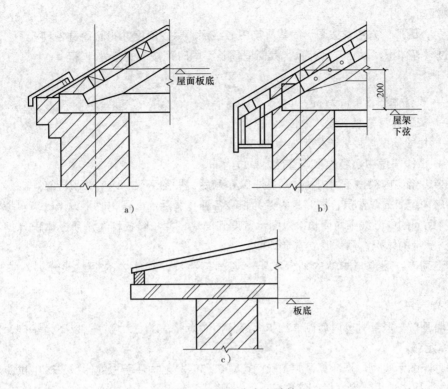

图 6-39 外墙墙身高度计算

a）斜（坡）屋面无檐口顶棚者墙身高度计算

b）有屋架且室内外均有顶棚者墙身高度计算

c）无顶棚者墙身高度计算

8）多孔砖、空心砖计算。

按图示厚度以立方米计算，不扣除其孔、空心部分体积。

9）填充墙工程量计算。

填充墙按外形尺寸计算，以立方米计，其中实砌部分已包括在定额内，不另计算。

10）加气混凝土墙工程量计算。

硅酸盐砌块墙、小型空心砌块墙，按图示尺寸以立方米计算。按设计规定需要镶嵌砖砌体部分已包括在定额内，不另计算。

11）其他砖砌体工程量计算。

① 砖砌锅台、炉灶，不分大小，均按图示外形尺寸以立方米计算，不扣除各种孔洞的体积。

② 砖砌台阶（不包括梯带）按水平投影面积以立方米计算。

③ 厕所蹲台、水槽腿、灯箱、垃圾箱、台阶挡墙或梯带、花台、花池、地垄墙及支撑地楞的砖墩，房上烟囱、屋面架空隔热层砖墩及毛石墙的门窗立边，窗台虎头砖等实砌体积，以立方米计算，套用零星砌体定额项目。

④ 检查井及化粪池不分壁厚均以立方米计算，洞口上的砖平拱（石旋）等并入砌体体积内计算。

⑤ 砖砌地沟不分墙基、墙身合并以立方米计算。石砌地沟按其中心线长度以延长线计算。

（3）转构筑物。

1）砖烟囱。

① 筒身，圆形、方形均按图示筒壁平均中心线周长乘以厚度并扣除筒身各种孔洞、钢筋混凝土圈梁、过梁等体积，以立方米计算，其筒壁周长不同时可按下式分段计算：

$$V = \sum HC\pi D$$

式中　V——筒身体积，单位为 m^3；

H——每段筒身垂直高度，单位为 m；

C——每段筒壁厚度，单位为 m；

D——每段筒壁中心线的平均直径，单位为 m。

② 烟道、烟囱内衬按不同内衬材料并扣除孔洞后，按图示尺寸以实体积计算。

③ 烟囱内壁表面隔热层，按筒身内壁并扣除各种孔洞后的面积，以平方米计算；填料按烟囱内衬与筒身之间的中心线平均周长乘以图示宽度和筒高，并扣除各种孔洞所占体积（但不扣除连接横砖及防沉带的体积）后，以立方米计算。

④ 烟道砌砖：烟道与炉体的划分以第一道闸门为界，炉体内的烟道部分列入炉体工程量计算。

2）砖砌水塔。

① 水塔基础与塔身划分以砖砌体的扩大部分顶面为界，以上为塔身，以下为基础，分别套相应基础砌体定额。

② 塔身以图示实砌体积计算，并扣除门窗洞口和混凝土构件所占的体积，砖平拱璇及砖出檐等并入塔身体积内计算，套水塔砌筑定额。

③ 砖水箱内外壁，不分壁厚，均以图示实砌体积计算，套相应的内外砖墙定额。

3）砌体内钢筋加固。

应按设计规定，以吨计算，套钢筋混凝土中相应项目。

2. 清单计价工程量计算规则

（1）砖砌体工程（编码：010401）工程量清单项目设置及工程量计算规则见表 6-15。

表 6-15　砖砌体工程（编码：010401）

项目编码	项目名称	项目特征	计量单位	工程量计算规则	工程内容
010401001	砖基础	1）砖品种、规格、强度等级 2）基础类型 3）砂浆强度等级 4）防潮层材料种类	m³	按设计图示尺寸以体积计算 包括附墙垛基础宽出部分体积，扣除地梁（圈梁）、构造柱所占体积，不扣除基础大放脚T形接头处的重叠部分及嵌入基础内的钢筋、铁件、管道、基础砂浆防潮层和单个面积≤0.3m²的孔洞所占体积，靠墙暖气沟的挑檐不增加 基础长度：外墙按外墙中心线，内墙按内墙净长线计算	1）砂浆制作、运输 2）砌砖 3）防潮层铺设 4）材料运输

（续）

项目编码	项目名称	项目特征	计量单位	工程量计算规则	工程内容
010401002	砖砌挖孔桩护壁	1）砖品种、规格、强度等级 2）砂浆强度等级		按设计图示尺寸以立方米计算	1）砂浆制作、运输 2）砌砖 3）材料运输
010401002	砖砌挖孔桩护壁	1）砖品种、规格、强度等级 2）砂浆强度等级		按设计图示尺寸以立方米计算	1）砂浆制作、运输 2）砌砖 3）材料运输
010401003	实心砖墙	1）砖品种、规格、强度等级 2）墙体类型 3）砂浆强度等级、配合比	m³	按设计图示尺寸以体积计算 扣除门窗、洞口、嵌入墙内的钢筋混凝土柱、梁、圈梁、挑梁、过梁及凹进墙内的壁龛、管槽、暖气槽、消火栓箱所占体积，不扣除梁头、板头、檩头、垫木、木楞头、沿缘木、木砖、门窗走头、砖墙内加固钢筋、木筋、铁件、钢管及单个面积≤0.3m² 的孔洞所占的体积。凸出墙面的腰线、挑檐、压顶、窗台线、虎头砖、门窗套的体积亦不增加。凸出墙面的砖垛并入墙体体积内计算 1）墙长度：外墙按中心线、内墙按净长计算 2）墙高度： ①外墙：斜（坡）屋面无檐口天棚者算至屋面板底，有屋架且室内外均有天棚者算至屋架下弦底另加 200mm；无天棚者算至屋架下弦底另加 300mm，出檐宽度超过 600mm 时按实砌高度计算；与钢筋混凝土楼板隔层者算至板顶。平屋顶算至钢筋混凝土板底 ②内墙：位于屋架下弦者，算至屋架下弦底；无屋架者算至天棚底另加 100mm；有钢筋混凝土楼板隔层者算至楼板顶；有框架梁时算至梁底 ③女儿墙：从屋面板上表面算至女儿墙顶面（如有混凝土压顶时算至压顶下表面） ④内、外山墙：按其平均高度计算 3）框架间墙：不分内外墙按墙体净尺寸以体积计算 4）围墙：高度算至压顶上表面（如有混凝土压顶时算至压顶下表面），围墙柱并入围墙体积内	1）砂浆制作、运输 2）砌砖 3）刮缝 4）砖压顶砌筑 5）材料运输
010401004	多孔砖墙	1）砖品种、规格、强度等级 2）墙体类型 3）砂浆强度等级、配合比			
010401005	空心砖墙	1）砖品种、规格、强度等级 2）墙体类型 3）砂浆强度等级、配合比			1）砂浆制作、运输 2）砌砖 3）刮缝 4）砖压顶砌筑 5）材料运输

（续）

项目编码	项目名称	项目特征	计量单位	工程量计算规则	工程内容
010401006	空斗墙	1）砖品种、规格、强度等级 2）墙体类型 3）砂浆强度等级、配合比	m³	按设计图示尺寸以空斗墙外形体积计算。墙角、内外墙交接处、门窗洞口立边、窗台砖、屋檐处的实砌部分体积并入空斗墙体积内	1）砂浆制作、运输 2）砌砖 3）装填充料 4）刮缝 5）材料运输
010401007	空花墙	1）砖品种、规格、强度等级 2）墙体类型 3）砂浆强度等级、配合比		按设计图示尺寸以空花部分外形体积计算，不扣除空调部分体积	
010401008	填充墙	1）砖品种、规格、强度等级 2）墙体类型 3）填充材料种类厚度 4）砂浆强度等级、配合比		按设计图示尺寸以填充墙外形体积计算	
010401009	实心砖柱	1）砖品种、规格、强度等级 2）柱类型 3）砂浆强度等级、配合比		按设计图示尺寸以体积计算。扣除混凝土及钢筋混凝土梁垫、梁头、板头所占体积	1）砂浆制作、运输 2）砌砖 3）刮缝 4）材料运输
010401010	多孔砖柱	1）砖品种、规格、强度等级 2）柱类型 3）砂浆强度等级、配合比			
010401011	砖检查井	1）井截面、深度 2）砖品种、规格、强度等级 3）垫层材料种类、厚度 4）底板厚度 5）井盖安装 6）混凝土强度等级 7）砂浆强度等级 8）防潮层材料种类	座	按设计图示数量计算	1）砂浆制作、运输 2）铺设垫层 3）底板混凝土制作、运输、浇筑、振捣、养护 4）砌砖 5）刮缝 6）井池底、壁抹灰 7）抹防潮层 8）材料运输
010401012	零星砌砖	1）零星砌砖名称、部位 2）砖品种、规格、强度等级 3）砂浆强度等级、配合比	1）m³ 2）m² 3）m 4）个	1）以立方米计量，按设计图示尺寸截面面积乘以长度计算 2）以平方米计量，按设计图示尺寸水平投影面积计算 3）以米计量，按设计图示尺寸长度计算 4）以个计量，按设计图示数量计算	1）砂浆制作、运输 2）砌砖 3）刮缝 4）材料运输

（续）

项目编码	项目名称	项目特征	计量单位	工程量计算规则	工程内容
010401013	砖散水、地坪	1）砖品种、规格、强度等级 2）垫层材料种类、厚度 3）散水、地坪厚度 4）面层种类、厚度 5）砂浆强度等级	m²	按设计图示尺寸以面积计算	1）土方挖、运、填 2）地基找平、夯实 3）铺设垫层 4）砌砖散水、地坪 5）抹砂浆面层
010401014	砖地沟、明沟	1）砖品种、规格、强度等级 2）沟截面尺寸 3）垫层材料种类、厚度 4）混凝土强度等级 5）砂浆强度等级	m	以米计量，按设计图示以中心线长度计算	1）土方挖、运、填 2）铺设垫层 3）底板混凝土制作、运输、浇筑、振捣、养护 4）砌砖 5）刮缝、抹灰 6）材料运输

注：1. "砖基础"项目适用于各种类型砖基础：柱基础、墙基础、管道基础等。
2. 基础与墙（柱）身使用同一种材料时，以设计室内地面为界（有地下室者，以地下室室内设计地面为界），以下为基础，以上为墙（柱）身。基础与墙身使用不同材料时，位于设计室内地面高度≤±300mm时，以不同材料为分界线，高度>±300mm时，以设计室内地面为分界线。
3. 砖围墙以设计室外地坪为界，以下为基础，以上为墙身。
4. 框架外表面的镶贴砖部分，按零星项目编码列项。
5. 附墙烟囱、通风道、垃圾道应按设计图示尺寸以体积（扣除孔洞所占体积）计算并入所依附的墙体积内。当设计规定孔洞内需抹灰时，应按《房屋建筑与装饰工程工程量计算规范》（GB 50854—2013）中零星抹灰项目编码列项。
6. 空斗墙的窗间墙、窗台下、楼板下、梁头下等的实砌部分，按零星砌砖项目编码列项。
7. "空花墙"项目适用于各种类型的空花墙，使用混凝土花格砌筑的空花墙，实砌墙体与混凝土花格应分别计算，混凝土花格按混凝土及钢筋混凝土中预制构件相关项目编码列项。
8. 台阶、台阶挡墙、梯带、锅台、炉灶、蹲台、池槽、池槽腿、砖胎模、花台、花池、楼梯栏板、阳台栏板、地垄墙、≤0.3m²的孔洞填塞等，应按零星砌砖项目编码列项。砖砌锅台与炉灶可按外形尺寸以个计算，砖砌台阶可按水平投影面积以平方米计算，小便槽、地垄墙可按长度计算，其他工程以立方米计算。
9. 砖砌体内钢筋加固、检查井内的爬梯、井内的混凝土构件均按《房屋建筑与装饰工程工程量计算规范》（GB 50854—2013）中混凝土及钢筋混凝土工程的相关项目编码列项。
10. 砖砌体勾缝按《房屋建筑与装饰工程工程量计算规范》（GB 50854—2013）中墙、柱面装饰与隔断、幕墙工程的相关项目编码列项。
11. 如施工图设计标注做法见标准图集时，应在项目特征描述中注明标注图集的编码、页号及节点大样。

（2）砌块砌体工程（编码：010402）工程量清单项目设置及工程量计算规则见表6-16。

表6-16　砌块砌体工程（编码：010402）

项目编码	项目名称	项目特征	计量单位	工程量计算规则	工程内容
010402001	砌块墙	1）砌块品种、规格、强度等级 2）墙体类型 3）砂浆强度等级	m³	按设计图示尺寸以体积计算 扣除门窗、洞口、嵌入墙内的钢筋混凝土柱、梁、圈梁、挑梁、过梁及凹进墙内的壁龛、管槽、暖气槽、消火栓箱所占体积，不扣除梁头、板头、檩头、垫木、木楞头、沿缘木、木砖、门窗走头、砌块墙内加固钢筋、木筋、铁件、钢管及单个面积≤0.3m²的孔洞所占的体积。凸出墙面的腰线、挑檐、压顶、窗台线、虎头砖、门窗套的体积亦不增加。凸出墙面的砖垛并入墙体体积内计算	1）砂浆制作、运输 2）砌砖、砌块 3）勾缝 4）材料运输

（续）

项目编码	项目名称	项目特征	计量单位	工程量计算规则	工程内容
010402001	砌块墙	1）砌块品种、规格、强度等级 2）墙体类型 3）砂浆强度等级	m³	1）墙长度：外墙按中心线、内墙按净长计算 2）墙高度： ① 外墙：斜（坡）屋面无檐口天棚者算至屋面板底；有屋架且室内外均有天棚者算至屋架下弦底另加200mm；无天棚者算至屋架下弦底另加300mm，出檐宽度超过600mm时按实砌高度计算；与钢筋混凝土楼板隔层者算至板顶；平屋面算至钢筋混凝土板底 ② 内墙：位于屋架下弦者，算至屋架下弦底；无屋架者算至顶棚底另加100mm；有钢筋混凝土楼板隔层者算至楼板顶；有框架梁时算至梁底 ③ 女儿墙：从屋面板上表面算至女儿墙顶面（如有混凝土压顶时算至压顶下表面） ④ 内、外山墙：按其平均高度计算 3）框架间墙：不分内外墙按墙体净尺寸以体积计算 4）围墙：高度算至压顶上表面（如有混凝土压顶时算至压顶下表面），围墙柱并入围墙体积内	1）砂浆制作、运输 2）砌砖、砌块 3）勾缝 4）材料运输
010402002	砌块柱			按设计图示尺寸以体积计算。扣除混凝土及钢筋混凝土梁垫、梁头、板头所占体积	

注：1. 砌体内加筋、墙体拉结的制作、安装，应按《房屋建筑与装饰工程工程量计算规范》（GB 50854—2013）中相关项目编码列项。

2. 砌块排列应上、下错缝搭砌，如果搭错缝长度满足不了规定的压搭要求，应采取压砌钢筋网片的措施，具体构造要求按设计规定。若设计无规定时，应注明由投标人根据工程实际情况自行考虑；钢筋网片按《房屋建筑与装饰工程工程量计算规范》（GB 50854—2013）中相应编码列项。

3. 砌体垂直灰缝宽>30mm时，采用C20细石混凝土灌实。灌注的混凝土应按《房屋建筑与装饰工程工程量计算规范》（GB 50854—2013）中相关项目编码列项。

（3）石砌体工程（编码：010403）工程量清单项目设置及工程量计算规则见表6-17。

表6-17 石砌体工程（编码：010403）

项目编码	项目名称	项目特征	计量单位	工程量计算规则	工程内容
010403001	石基础	1）石料种类、规格 2）基础类型 3）砂浆强度等级	m³	按设计图示尺寸以体积计算。包括附墙垛基础宽出部分体积，不扣除基础砂浆防潮层及单个面积≤0.3m²的孔洞所占体积，靠墙暖气沟的挑檐不增加体积。基础长度：外墙按中心线，内墙按净长计算	1）砂浆制作、运输 2）吊装 3）砌石 4）防潮层铺设 5）材料运输

（续）

项目编码	项目名称	项目特征	计量单位	工程量计算规则	工程内容
010403002	石勒脚			按设计图示尺寸以体积计算,扣除单个面积 > $0.3m^2$ 的孔洞所占的体积	
010403003	石墙	1)石料种类、规格 2)石表面加工要求 3)勾缝要求 4)砂浆强度等级、配合比	m^3	按设计图示尺寸以体积计算 扣除门窗、洞口、嵌入墙内的钢筋混凝土柱、梁、圈梁、挑梁、过梁及凹进墙内的壁龛、管槽、暖气槽、消火栓箱所占体积,不扣除梁头、板头、檩头、垫木、木楞头、沿缘木、木砖、门窗走头、石墙内加固钢筋、木筋、铁件、钢管及单个面积≤$0.3m^2$ 的孔洞所占的体积。凸出墙面的腰线、挑檐、压顶、窗台线、虎头砖、门窗套的体积亦不增加 凸出墙面的砖垛并入墙体体积内计算 1)墙长度:外墙按中心线、内墙按净长计算 2)墙高度: ①外墙:斜(坡)屋面无檐口天棚者算至屋面板底;有屋架且室内外均有天棚者算至屋架下弦底另加 200mm;无天棚者算至屋架下弦底另加 300mm;出檐宽度超过 600mm 时按实砌高度计算;有钢筋混凝土楼板隔层者算至板顶;平屋顶算至钢筋混凝土板底 ②内墙:位于屋架下弦者,算至屋架下弦底;无屋架者算至天棚底另加 100mm;有钢筋混凝土楼板隔层者算至楼板顶;有框架梁时算至梁底 ③女儿墙:从屋面板上表面算至女儿墙顶面(如有混凝土压顶时算至压顶下表面) ④内、外山墙:按其平均高度计算 3)围墙:高度算至压顶上表面(如有混凝土顶时算至压顶下表面),围墙柱并入围墙体积内	1)砂浆制作、运输 2)吊装 3)砌石 4)石表面加工 5)勾缝 6)材料运输

（续）

项目编码	项目名称	项目特征	计量单位	工程量计算规则	工程内容
010403004	石挡土墙	1）石料种类、规格 2）石表面加工要求 3）勾缝要求 4）砂浆强度等级、配合比	m³	按设计图示尺寸以体积计算	1）砂浆制作、运输 2）吊装 3）砌石 4）变形缝、泄水孔、压顶抹灰 5）滤水层 6）勾缝 7）材料运输
010403005	石柱			按设计图示尺寸以体积计算	1）砂浆制作、运输 2）吊装 3）砌石 4）石表面加工 5）勾缝 6）材料运输
010403006	石栏杆		m	按设计图示以长度计算	
010403007	石护坡	1）垫层材料种类、厚度 2）石料种类、规格 3）护坡厚度、高度 4）石表面加工要求 5）勾缝要求 6）砂浆强度等级、配合比	m³	按设计图示尺寸以体积计算	1）砂浆制作、运输 2）吊装 3）砌石 4）石表面加工 5）勾缝 6）材料运输
010403008	石台阶	1）垫层材料种类、厚度 2）石料种类、规格 3）护坡厚度、高度 4）石表面加工要求 5）勾缝要求 6）砂浆强度等级、配合比	m³	按设计图示尺寸以体积计算	1）铺设垫层 2）石料加工 3）砂浆制作、运输 4）砌石 5）石表面加工 6）勾缝 7）材料运输
010403009	石坡道		m²	按设计图示以水平投影面积计算	
010403010	石地沟、明沟	1）沟截面尺寸 2）土壤类别、运距 3）垫层材料种类、厚度 4）石料种类、规格 5）石表面加工要求 6）勾缝要求 7）砂浆强度等级、配合比	m	按设计图示以中心线长度计算	1）土方挖、运 2）砂浆制作、运输 3）铺设垫层 4）砌石 5）石表面加工 6）勾缝 7）回填 8）材料运输

注：1. 石基础、石勒脚、石墙的划分：基础与勒脚应以设计室外地坪为界。勒脚与墙身应以设计室内地面为界。石围墙内外地坪标高不同时，应以较低地坪标高为界，以下为基础；内外标高之差为挡土墙时，挡土墙以上为墙身。
2. "石基础"项目适用于各种规格（粗料石、细料石等）、各种材质（砂石、青石等）和各种类型（柱基、墙基、直形、弧形等）基础。
3. "石勒脚""石墙"项目适用于各种规格（粗料石、细料石等）、各种材质（砂石、青石、大理石、花岗石等）和各种类型（直形、弧形等）勒脚和墙体。
4. "石挡土墙"项目适用于各种规格（粗料石、细料石、块石、毛石、卵石等）、各种材质（砂石、青石、石灰石等）和各种类型（直形、弧形、台阶形等）挡土墙。
5. "石柱"项目适用于各种规格、各种石质、各种类型的石柱。
6. "石栏杆"项目适用于无雕饰的一般石栏杆。
7. "石护坡"项目适用于各种石质和各种石料（粗料石、细料石、片石、块石、毛石、卵石等）。
8. "石台阶"项目包括石梯带（垂带），不包括石梯膀，石梯膀应按《房屋建筑与装饰工程工程量计算规范》（GB 50854—2013）中石挡土墙项目编码列项。
9. 如施工图设计标注做法见标准图集时，应在项目特征描述中注明标注图集的编码、页号及节点大样。

（4）垫层工程（编码：010404）工程量清单项目设置及工程量计算规则见表6-18。

表6-18　垫层工程（编码：010404）

项目编码	项目名称	项目特征	计量单位	工程量计算规则	工程内容
010404001	垫层	垫层材料种类、配合比、厚度	m³	按设计图示尺寸以立方米计算	1）垫层材料的拌制 2）垫层铺设 3）材料运输

注：除混凝土垫层应按《房屋建筑与装饰工程工程量计算规范》（GB 50854—2013）中相关项目编码列项外，没有包括垫层要求的清单项目应按本表垫层项目编码列项。

二、工程量计算实例

【例6-4】某教学楼工程空心砖墙示意图，如图6-40所示。该空心砖墙内墙高为3.6m，厚为115mm，门尺寸均为1200mm×3000mm。门上有过梁，过梁截面面积为130mm×135mm，且两边各超过门250mm，计算空心砖墙的工程量。

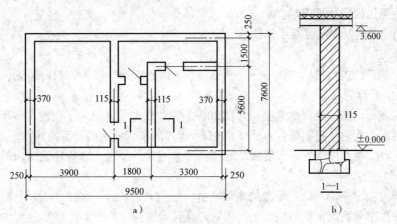

图6-40　某空心砖墙示意图

a）平面图　b）剖面图

【错误答案】

解：（1）定额工程量：内墙长 = (5.6 + 1.5 − 0.24) + (5.6 − 0.12 − 0.115/2) + (1.5 − 0.115) + (3.3 − 0.12 + 0.115/2) = 6.86 + 5.42 + 1.39 + 3.24 = 16.91(m)

门洞口面积 = 1.2 × 3.0 × 3 = 10.80(m²)

过梁体积 = 0.13 × 0.135 × (1.2 + 0.25 × 2) × 3 = 0.09(m³)

砖墙的工程量 = 墙厚 × (墙高 × 墙长 − 门窗洞口面积) = 0.115 × (3.6 × 16.91 − 10.8) = 5.76(m³)

（2）清单工程量：清单工程量同定额工程量。

解析：本题主要考核的是空心砖墙的工程量。由此可见，砖墙的工程量计算有误，没有减掉埋件的体积。

【正确答案】

解：（1）定额工程量：内墙长 = (5.6 + 1.5 − 0.24) + (5.6 − 0.12 − 0.115/2) + (1.5 − 0.115) + (3.3 − 0.12 + 0.115/2) = 6.86 + 5.42 + 1.39 + 3.24 = 16.91(m)

门洞口面积 $= 1.2 \times 3.0 \times 3 = 10.80 (\mathrm{m}^2)$

过梁体积 $= 0.13 \times 0.135 \times (1.2 + 0.25 \times 2) \times 3 = 0.09 (\mathrm{m}^3)$

砖墙的工程量 $=$ 墙厚 $\times$（墙高 $\times$ 墙长 $-$ 门窗洞口面积）$-$ 埋件体积

$= 0.115 \times (3.6 \times 16.91 - 10.80) - 0.09$

$= 5.67 (\mathrm{m}^3)$

（2）清单工程量：清单工程量同定额工程量。

第六节 混凝土及钢筋混凝土工程工程量的计算

一、工程量计算规则

1. 基础定额工程量计算规则。

（1）现浇混凝土及钢筋混凝土工程。

1）一般规定。

① 混凝土的工作内容包括：筛沙子、筛洗石子、后台运输、搅拌、前台运输、清理、润湿模板、浇筑、捣固、养护。

② 毛石混凝土，是按毛石占混凝土体积20%计算的。如设计要求不同时，可以换算。

③ 小型混凝土构件，是指每件体积在 $0.05\mathrm{m}^3$ 以内的未列出定额项目的构件。

④ 预制构件厂生产的构件，在混凝土定额项目中考虑了预制厂内构件运输、堆放、码垛、装车运出等的工作内容。

⑤ 构筑物混凝土按构件选用相应的定额项目。

⑥ 轻板框架的混凝土梅花柱按预制异形柱；叠合梁按预制异形梁；楼梯段和整间大楼板按相应预制构件定额项目计算。

⑦ 现浇钢筋混凝土柱、墙定额项目，均按规范规定综合了底部灌注1:2水泥砂浆的用量。

⑧ 混凝土已按常用列出强度等级，如与设计要求不同时，可以换算。

⑨ 承台桩基础定额中已考虑了凿桩头用工。

⑩ 集中搅拌、运输、泵输送混凝土参考定额中，当输送高度超过30m时，输送泵台班用量乘以系数1.10；输送高度超过50m时，输送泵台班用量乘以系数1.25。

2）现浇混凝土及钢筋混凝土模板工程计算规则。

① 现浇混凝土及钢筋混凝土模板工程量，除另有规定者外，均应区别模板的不同材质、混凝土与模板接触面的面积，以平方米计算。

② 现浇钢筋混凝土柱、梁、板、墙的支模高度（即室外地坪至板底或板面至板底之间的高度）以 $3.6\mathrm{m}$ 以内为准；超过 $3.6\mathrm{m}$ 以上部分，另按超过部分计算增加支撑工程量。

③ 现浇钢筋混凝土墙、板上单孔面积在 $0.3\mathrm{m}^2$ 以内的孔洞，不予扣除，洞侧壁模板亦不增加；单孔面积在 $0.3\mathrm{m}^2$ 以外时，应予扣除，洞侧壁模板面积并入墙、板模板工程量之内计算。

④ 现浇钢筋混凝土框架分别按梁、板、柱、墙有关规定计算，附墙柱，并入墙内工程量计算。

⑤ 杯形基础杯口高度大于杯口大边长度的，套高杯基础定额项目。

⑥ 柱与梁、柱与墙、梁与梁等连接的重叠部分及伸入墙内的梁头、板头部分，均不计算模板面积。

⑦ 构造柱外露面均应按图示外露部分计算模板面积。构造柱与墙接触面不计算模板面积。

⑧ 现浇钢筋混凝土悬挑板（雨篷、阳台）按图示外挑部分尺寸的水平投影面积计算。挑出墙外的牛腿梁及板边模板不另计算。

⑨ 现浇钢筋混凝土楼梯，以图示露明面尺寸的水平投影面积计算，不扣除宽度小于 500mm 楼梯井所占面积。楼梯的踏步、踏步板、平台梁等侧面模板，不另计算。

⑩ 混凝土台阶不包括梯带，按图示台阶尺寸的水平投影面积计算，台阶端头两侧不另计算模板面积。

⑪ 现浇混凝土小型池槽按构件外围体积计算，池槽内、外侧及底部的模板不应另计算。

3）现浇混凝土工程量计算规则。

① 混凝土工程量除另有规定者外，均按图示尺寸实体体积以立方米计算。不扣除构件内钢筋、预埋件及墙、板中 $0.3m^2$ 内的孔洞所占体积。

② 基础。

a. 有肋带形混凝土基础，其肋高与肋宽之比在 4:1 以内的按有肋带形基础计算。超过 4:1 时，其基础底按板式基础计算，以上部分按墙计算。

b. 箱式满堂基础应分别按无梁式满堂基础、柱、墙、梁、板有关规定，套用相应定额项目计算。

c. 设备基础除块体以外，其他类型设备基础分别按基础、梁、柱、板、墙等有关规定，套用相应的定额项目计算。

③ 柱：按图示断面尺寸乘以柱高以立方米计算。柱高按下列规定确定。

a. 有梁板的柱高，应自柱基上表面（或楼板上表面）至上一层楼板上表面之间的高度计算。

b. 无梁板的柱高，应自柱基上表面（或楼板上表面）至柱帽下表面之间的高度计算。

c. 框架柱的柱高应自柱基上表面至柱顶高度计算。

d. 构造柱按全高计算，与砖墙嵌接部分的体积并入柱身体积内计算。

e. 依附柱上的牛腿，并入柱身体积内计算。

④ 梁：按图示断面尺寸乘以梁长以立方米计算，梁长按下列规定确定。

a. 梁与柱连接时，梁长算至柱侧面。

b. 主梁与次梁连接时，次梁长算至主梁侧面。伸入墙内梁头，梁垫体积并入梁体积内计算。

⑤ 板：按图示面积乘以板厚以立方米计算。

a. 有梁板包括主、次梁与板，按梁、板体积之和计算。

b. 无梁板按板和柱帽体积之和计算。

c. 平板按板实体体积计算。

d. 现浇挑檐天沟与板（包括屋面板、楼板）连接时，以外墙为分界线，与圈梁（包括其他梁）连接时，以梁外边线为分界线。外墙边线以外或梁外边线以外为挑檐天沟。

e. 各类板伸入墙内的板头并入板体积内计算。

f. 墙：按图示中心线长度乘以墙高及厚度以立方米计算，应扣除门窗洞口及单个面积大于 $0.3m^2$ 的孔洞所占的体积，墙垛及凸出部分并入墙体积内计算。

g. 整体楼梯包括休息平台，平台梁、斜梁及楼梯的连接梁，按水平投影面积计算，不扣除宽度小于 500mm 的楼梯井，伸入墙内部分不另增加。

h. 阳台、雨篷（悬挑板），按伸出外墙的水平投影面积计算，伸出外墙的牛腿不另计算。带反挑檐的雨篷按展开面积并入雨篷内计算。

i. 栏杆按净长度以延长米计算。伸入墙内的长度已综合在定额内。栏板以立方米计算，伸入墙内的栏板，合并计算。

j. 预制板补现浇板缝时，按平板计算。

k. 预制钢筋混凝土框架柱现浇接头（包括梁接头），按设计规定的断面和长度以立方米计算。

4）钢筋混凝土构件接头灌缝工程量计算规则。

① 钢筋混凝土构件接头灌缝：包括构件坐浆、灌缝、堵板孔、塞板梁缝等。均按预制钢筋混凝土构件实体积，以立方米计算。

② 柱与柱基的灌缝，按首层柱体积计算；首层以上柱灌缝按各层柱体积计算。

③ 空心板堵孔的人工材料，已包括在定额内。如不堵孔时，每 $10m^3$ 空心板体积应扣除 $0.23m^3$ 预制混凝土块和 2.2 工日。

（2）预制钢筋混凝土工程。

1）预制钢筋混凝土构件模板工程量计算规则。

① 预制钢筋混凝土模板工程量，除另有规定者外均按混凝土实体体积，以立方米计算。

② 小型池槽按外形体积，以立方米计算。

③ 预制桩尖按虚体积（不扣除桩尖虚体积部分）计算。

2）预制混凝土工程量计算规则。

① 混凝土工程量均按图示尺寸实体体积，以立方米计算，不扣除构件内钢筋、铁件及小于 $300mm \times 300mm$ 的孔洞面积。

② 预制桩按桩全长（包括桩尖）乘以桩断面（空心桩应扣除孔洞体积），以立方米计算。

③ 混凝土与钢杆件组合的构件，混凝土部分按构件实体体积，以立方米计算，钢构件部分按吨计算，分别套相应的定额项目。

（3）构筑物钢筋混凝土工程。

1）构筑物钢筋混凝土模板工程量计算规则。

① 构筑物工程的模板工程量，除另有规定者外，区别现浇、预制和构件类别，分别按现浇和预制混凝土及钢筋混凝土模板工程量计算规定中的有关规定计算。

② 大型池槽等分别按基础、墙、板、梁、柱等有关规定计算，并套用相应定额项目。

③ 液压滑升钢模板施工的烟筒、水塔塔身、储仓等，均按混凝土体积，以立方米计算。预制倒圆锥形水塔罐壳模板按混凝土体积，以立方米计算。

④ 预制倒圆锥形水塔罐壳组装、提升、就位，按不同容积以座数计算。

2）构筑物钢筋混凝土工程量计算规则。

① 构筑物混凝土除另规定者外，均按图示尺寸扣除门窗洞口及 $0.3m^2$ 以外孔洞所占体积，以实体体积计算。

② 水塔。

a. 筒身与槽底以槽底连接的圈梁底为界，以上为槽底，以下为筒身。

b. 筒式塔身及依附于筒身的过梁、雨篷挑檐等并入筒身体积内计算；柱式塔身，柱、梁合并计算。

c. 塔顶及槽底，塔顶包括顶板和圈梁，槽底包括底板挑出的斜壁板和圈梁等合并计算。

③ 储水池不分平底、锥底、坡底均按池底计算，壁基梁、池壁不分圆形壁和矩形壁，均按池壁计算；其他项目均按现浇混凝土部分相应项目计算。

（4）钢筋工程。

1）钢筋工程，应区别现浇、预制构件、不同钢种和规格，分别按设计长度乘以单位重量，以吨计算。

2）计算钢筋工程量时，设计已规定钢筋搭接长度的，按规定搭接长度计算；设计未规定搭接长度的，已包括在钢筋的损耗率之内，不另计算搭接长度。钢筋电渣压力焊接、套筒挤压等接头，以个数计算。

3）先张法预应力钢筋，按构件外形尺寸计算长度，后张法预应力钢筋按设计图规定的预应力钢筋预留孔道长度，并区别不同的锚具类型，分别按下列规定计算。

① 低合金钢筋两端采用螺杆锚具时，预应力的钢筋按预留孔道的长度减0.35m，螺杆另行计算。

② 低合金钢筋一端采用镦头插片，另一端采用螺杆锚具时，预应力钢筋长度按预留孔道长度计算，螺杆另行计算。

③ 低合金钢筋一端采用镦头插片，另一端采用帮条锚具时，预应力钢筋按预留孔道长度增加0.15m，两端均采用帮条锚具时，预应力钢筋长度共增加0.3m计算。

④ 低合金钢筋采用后张混凝土自锚时，预应力钢筋长度按预留孔道长度增加0.35m计算。

⑤ 低合金钢筋或钢绞线采用JM、XM、QM型锚具，孔道长度在20m以内时，预应力钢筋长度按预留孔道长度增加1m计算；孔道长度在20m以上时，预应力钢筋长度增加1.8m计算。

⑥ 碳素钢丝采用锥形锚具，孔道长在20m以内时，预应力钢筋长度增加1m；孔道长在20m以上时，预应力钢筋长度按预留孔道长度增加1.8m计算。

⑦ 碳素钢丝两端采用镦粗头时，预应力钢丝长度按预留孔道长度增加0.35m计算。

4）钢筋混凝土构件预埋件工程量按设计图示尺寸，以吨计算。

5）固定预埋螺栓、铁件的支架，固定双层钢筋的铁马凳、垫铁件，按审定的施工组织设计规定计算，套用相应定额项目。

2. 清单计价工程量计算规则

（1）现浇混凝土基础工程（编码：010501）工程量清单项目设置及工程量计算规则见表6-19。

表6-19　现浇混凝土基础工程（编码：010501）

项目编码	项目名称	项目特征	计量单位	工程量计算规则	工程内容
010501001	垫层				
010501002	带形基础	1）混凝土种类 2）混凝土强度等级			1）模板及支撑制作、安装、拆除、堆放、运输及清理模内杂物、刷隔离剂等 2）混凝土制作、运输、浇筑、振捣、养护
010501003	独立基础				
010501004	满堂基础		m³	按设计图示尺寸以体积计算。不扣除伸入承台基础的桩头所占体积	
010501005	桩承台基础				
010501006	设备基础	1）混凝土种类 2）混凝土强度等级 3）灌浆材料及其强度等级			

注：1. 有肋带形基础、无肋带形基础应按本表中相关项目列项，并注明肋高。

2. 箱式满堂基础中柱、梁、墙、板按表6-20～表6-23相关项目分别编码列项；箱式满堂基础底板按本表的满堂基础项目列项。

3. 框架式设备基础中柱、梁、墙、板分别按表6-20～表6-23相关项目编码列项；基础部分按本表相关项目编码列项。

4. 如为毛石混凝土基础，项目特征应描述毛石所占比例。

(2) 现浇混凝土柱（编码：010502）工程量清单项目设置及工程量计算规则见表 6-20。

表 6-20　现浇混凝土柱（编码：010502）

项目编码	项目名称	项目特征	计量单位	工程量计算规则	工程内容
010502001	矩形柱	1）混凝土种类 2）混凝土强度等级	m³	按设计图示尺寸以体积计算 柱高： 1）有梁板的柱高，应自柱基上表面（或楼板上表面）至上一层楼板上表面之间的高度计算 2）无梁板的柱高，应自柱基上表面（或楼板上表面）至柱帽下表面之间的高度计算 3）框架柱的柱高，应自柱基上表面至柱顶高度计算 4）构造柱按全高计算，嵌接墙体部分（马牙槎）并入柱身体积 5）依附柱上的牛腿和升板的柱帽，并入柱身体积计算	1）模板及支架（撑）制作、安全、拆除、堆放、运输及清理模内杂物、刷隔离剂等 2）混凝土制作、运输、浇筑、振捣、养护
010502002	构造柱				
010502003	异形柱	1）柱形状 2）混凝土种类 3）混凝土强度等级			

注：混凝土种类，指清水混凝土、彩色混凝土等，如在同一地区既可使用预拌（商品）混凝土，又允许现场搅拌混凝土时，也应注明。

(3) 现浇混凝土梁（编码：010503）工程量清单项目设置及工程量计算规则见表 6-21。

表 6-21　现浇混凝土梁（编码：010503）

项目编码	项目名称	项目特征	计量单位	工程量计算规则	工程内容
010503001	基础梁	1）混凝土种类 2）混凝土强度等级	m³	按设计图示尺寸以体积计算。伸入墙内的梁头、梁垫并入梁体积内 梁长： 1）梁与柱连接时，梁长算至柱侧面 2）主梁与次梁连接时，次梁长算至主梁侧面	1）模板及支架（撑）制作、安装、拆除、堆放、运输及清理模内杂物、刷隔离剂等 2）混凝土制作、运输、浇筑、振捣、养护
010503002	矩形梁				
010503003	异形梁				
010503004	圈梁				
010503005	过梁				
010503006	弧形、拱形梁				

(4) 现浇混凝土墙（编码：010504）工程量清单项目设置及工程量计算规则见表 6-22。

表 6-22　现浇混凝土墙（编码：010504）

项目编码	项目名称	项目特征	计量单位	工程量计算规则	工程内容
010504001	直形墙	1）混凝土种类 2）混凝土强度等级	m³	按设计图示尺寸以体积计算。扣除门窗洞口及单个面积 >0.3m² 的孔洞所占体积，墙垛及凸出墙面部分并入墙体体积内计算	1）模板及支架（撑）制作、安装、拆除、堆放、运输及清理模内杂物、刷隔离剂等 2）混凝土制作、运输、浇筑、振捣、养护
010504002	弧形墙				
010504003	短肢剪力墙				
010504004	挡土墙				

注：短肢剪力墙是指截面厚度不大于 300mm、各肢截面高度与厚度之比的最大值大于 4 但不大于 8 的剪力墙；各肢截面高度与厚度之比的最大值不大于 4 的剪力墙按柱项目编码列项。

（5）现浇混凝土板（编码：010505）工程量清单项目设置及工程量计算规则见表6-23。

表6-23　现浇混凝土板（编码：010505）

项目编码	项目名称	项目特征	计量单位	工程量计算规则	工程内容
010505001	有梁板	1）混凝土种类 2）混凝土强度等级	m³	按设计图示尺寸以体积计算，不扣除单个面积≤0.3m² 的柱、垛以及孔洞所占体积 压型钢板混凝土楼板扣除构件内压型钢板所占体积 有梁板（包括主、次梁与板）按梁、板体积之和计算，无梁板按板和柱帽体积之和计算，各类板伸入墙内的板头并入板体积内，薄壳板的肋、基梁并入薄壳体积内计算	1）模板及支架（撑）制作、安装、拆除、堆放、运输及清理模内杂物、刷隔离剂等 2）混凝土制作、运输、浇筑、振捣、养护
010505002	无梁板				
010505003	平板				
010505004	拱板				
010505005	薄壳板				
010505006	栏板				
010505007	天沟（檐沟）、挑檐板			按设计图示尺寸以体积计算	
010505008	雨篷、悬挑板、阳台板			按设计图示尺寸以墙外部分体积计算。包括伸出墙外的牛腿和雨篷反挑檐的体积	
010505009	空心板			按设计图示尺寸以体积计算。空心板(GBF高强薄壁蜂巢芯板等)应扣除空心部分体积	
0105050010	其他板			按设计图示尺寸以体积计算	

注：现浇挑檐、天沟板、雨篷、阳台与板（包括屋面板、楼板）连接时，以外墙外边线为分界线；与圈梁（包括其他梁）连接时，以梁外边线为分界线。外边线以外为挑檐、天沟、雨篷或阳台。

（6）现浇混凝土楼梯（编码010506）工程量清单项目设置及工程量计算规则见表6-24。

表6-24　现浇混凝土楼梯（编码010506）

项目编码	项目名称	项目特征	计量单位	工程量计算规则	工程内容
010506001	直形楼梯	1）混凝土种类 2）混凝土强度等级	1）m² 2）m³	1）以平方米计量，按设计图示尺寸以水平投影面积计算。不扣除宽度≤500mm的楼梯井，伸入墙内部分不计算 2）以立方米计量，按设计图示尺寸以体积计算	1）模板及支架（撑）制作、安装、拆除、堆放、运输及清理模内杂物、刷隔离剂等 2）混凝土制作、运输、浇筑、振捣、养护
010506002	弧形楼梯				

注：整体楼梯（包括直形楼梯、弧形楼梯）水平投影面积包括休息平台、平台梁、斜梁和楼梯的连接梁。当整体楼梯与现浇楼板无梯梁连接时，以楼梯的最后一个踏步边缘加300mm为界。

（7）现浇混凝土其他构件（编码：010507）工程量清单项目设置及工程量计算规则见表6-25。

表6-25　现浇混凝土其他构件（编码：010507）

项目编码	项目名称	项目特征	计量单位	工程量计算规则	工程内容
010507001	散水、坡道	1）垫层材料种类、厚度 2）面层厚度 3）混凝土种类 4）混凝土强度等级 5）变形缝填塞材料种类	m²	按设计图示尺寸以水平投影面积计算。不扣除单个面积≤0.3m² 的孔洞所占面积	1）地基夯实 2）铺设垫层 3）模板及支撑制作、安装、拆除、堆放、运输及清理模内杂物、刷隔离剂等 4）混凝土制作、运输、浇筑、振捣、养护 5）变形缝填塞

（续）

项目编码	项目名称	项目特征	计量单位	工程量计算规则	工程内容
010507002	室外地坪	1）地坪厚度 2）混凝土强度等级	m^2	按设计图示尺寸以水平投影面积计算。不扣除单个面积≤$0.3m^2$的孔洞所占面积	1）地基夯实 2）铺设垫层 3）模板及支撑制作、安装、拆除、堆放、运输及清理模内杂物、刷隔离剂等 4）混凝土制作、运输、浇筑、振捣、养护 5）变形缝填塞
010507003	电缆沟、地沟	1）土壤类别 2）沟截面净空尺寸 3）垫层材料种类、厚度 4）混凝土种类 5）混凝土强度等级 6）防护材料种类	m	按设计图示以中心线长度计算	1）挖填、运土石方 2）铺设垫层 3）模板及支撑制作、安装、拆除、堆放、运输及清理模内杂物、刷隔离剂等 4）混凝土制作、运输、浇筑、振捣、养护 5）刷防护材料
010507004	台阶	1）踏步高、宽 2）混凝土种类 3）混凝土强度等级	1）m^2 2）m^3	1）以平方米计算，按设计图示尺寸水平投影面积计算 2）以立方米计算，按设计图示尺寸以体积计算	1）模板及支架制作、安装、拆除、堆放、运输及清理模内杂物、刷隔离剂等 2）混凝土制作、运输、浇筑、振捣、养护
010507005	扶手、压顶	1）断面尺寸 2）混凝土种类 3）混凝土强度等级	1）m 2）m^3	1）以米计量，按设计图示的中心线延长米计算 2）以立方米计量，按设计图示尺寸以体积计算	1）模板及支架（撑）制作、安装、拆除、堆放、运输及清理模内杂物、刷隔离剂等 2）混凝土制作、运输、浇筑、振捣、养护
010507006	化粪池、检查井	1）部位 2）混凝土强度等级 3）防水、抗渗要求	1）m^3 2）座	1）按设计图示尺寸以体积计算 2）以座计量，按设计图示数量计算	1）模板及支架（撑）制作、安装、拆除、堆放、运输及清理模内杂物、刷隔离剂等 2）混凝土制作、运输、浇筑、振捣、养护
010507007	其他构件	1）构件的类型 2）构件规格 3）部位 4）混凝土种类 5）混凝土强度等级			

注：1. 现浇混凝土小型池槽、垫块、门框等，应按本表其他构件项目编码列项。

    2. 架空式混凝土台阶，按现浇楼梯计算。

（8）后浇带（编码：010508）工程量清单项目设置及工程量计算规则见表6-26。

表6-26　后浇带（编码：010508）

项目编码	项目名称	项目特征	计量单位	工程量计算规则	工程内容
010508001	后浇带	1）混凝土种类 2）混凝土强度等级	m^3	按设计图示尺寸以体积计算	1）模板及支架（撑）制作、安装、拆除、堆放、运输及清理模内杂物、刷隔离剂等 2）混凝土制作、运输、浇筑、振捣、养护及混凝土交接面、钢筋等的清理

（9）预制混凝土柱（编码：010509）工程量清单项目设置及工程量计算规则见表6-27。

表6-27　预制混凝土柱（编码：010509）

项目编码	项目名称	项目特征	计量单位	工程量计算规则	工程内容
010509001	矩形柱	1）图代号 2）单件体积 3）安装高度 4）混凝土强度等级 5）砂浆（细石混凝土）强度等级、配合比	1）m³ 2）根	1）以立方米计量，按设计图示尺寸以体积计算 2）以根计量，按设计图示尺寸以数量计算	1）模板制作、安装、拆除、堆放、运输及清理模内杂物、刷隔离剂等 2）混凝土制作、运输、浇筑、振捣、养护 3）构件运输、安装 4）砂浆制作、运输 5）接头灌缝、养护
010509002	异形柱				

注：以根计量，必须描述单件体积。

（10）预制混凝土梁（编码：010510）工程量清单项目设置及工程量计算规则见表6-28。

表6-28　预制混凝土梁（编码：010510）

项目编码	项目名称	项目特征	计量单位	工程量计算规则	工程内容
01051001	矩形梁	1）图代号 2）单件体积 3）安装高度 4）混凝土强度等级 5）砂浆（细石混凝土）强度等级、配合比	1）m³ 2）根	1）以立方米计量，按设计图示尺寸以体积计算 2）以根计量，按设计图示尺寸以数量计算	1）模板制作、安装、拆除、堆放、运输及清理模内杂物、刷隔离剂等 2）混凝土制作、运输、浇筑、振捣、养护 3）构件运输、安装 4）砂浆制作、运输 5）接头灌缝、养护
01051002	异形梁				
01051003	过梁				
01051004	拱形梁				
01051005	鱼腹式吊车梁				
01051006	其他梁				

注：以根计量，必须描述单件体积。

（11）预制混凝土屋架（编码：010511）工程量清单项目设置及工程量计算规则见表6-29。

表6-29　预制混凝土屋架（编码：010511）

项目编码	项目名称	项目特征	计量单位	工程量计算规则	工程内容
010511001	折线形	1）图代号 2）单件体积 3）安装高度 4）混凝土强度等级 5）砂浆（细石混凝土）强度等级、配合比	1）m³ 2）榀	1）以立方米计量，按设计图示尺寸以体积计算 2）以榀计量，按设计图示尺寸以数量计算	1）模板制作、安装、拆除、堆放、运输及清理模内杂物、刷隔离剂等 2）混凝土制作、运输、浇筑、振捣、养护 3）构件运输、安装 4）砂浆制作、运输 5）接头灌缝、养护
010511002	组合				
010511003	薄腹				
010511004	门式刚架				
010511005	天窗架				

注：1. 以榀计量，必须描述单件体积。
　　2. 三角形屋架按本表中折线形屋架项目编码列项。

（12）预制混凝土板（编码：010512）工程量清单项目设置及工程量计算规则见表6-30。

表 6-30　预制混凝土板（编码：010512）

项目编码	项目名称	项目特征	计量单位	工程量计算规则	工程内容
010512001	平板	1）图代号 2）单件体积 3）安装高度 4）混凝土强度等级 5）砂浆（细石混凝土）强度等级、配合比	1）m³ 2）块	1）以立方米计量，按设计图示尺寸以体积计算。不扣除单个面积≤300mm×300mm的孔洞所占体积，扣除空心板孔洞体积 2）以块计量，按设计图示尺寸以数量计算	1）模板制作、安装、拆除、堆放、运输及清理模内杂物、刷隔离剂等 2）混凝土制作、运输、浇筑、振捣、养护 3）构件运输安装
010512002	空心板				
010512003	槽形板				
010512004	网架板				
010512005	折线板				
010512006	带肋板				
010512007	大型板				
010512008	沟盖板、井盖板、井圈	1）单件体积 2）安装高度 3）混凝土强度等级 4）砂浆强度等级、配合比	1）m³ 2）块（套）	1）以立方米计量，按设计图示尺寸以体积计算 2）以块计量，按设计图示尺寸以数量计算	1）砂浆制作、运输 2）接头灌缝、养护

注：1. 以块、套计量，必须描述单件体积。
　　2. 不带肋的预制遮阳板、雨篷板、挑檐板、拦板等，应按本表平板项目编码列项。
　　3. 预制F形板、双T形板、单肋板和带反挑檐的雨篷板、挑檐板、遮阳板等，应按本表带肋板项目编码列项。
　　4. 预制大型墙板、大型楼板、大型屋面板等，按本表中大型板项目编码列项。

（13）预制混凝土楼梯（编码：010513）工程量清单项目设置及工程量计算规则见表6-31。

表 6-31　预制混凝土楼梯（编码：010513）

项目编码	项目名称	项目特征	计量单位	工程量计算规则	工程内容
010513001	楼梯	1）楼梯类型 2）单件体积 3）混凝土强度等级 4）砂浆（细石混凝土）强度等级	1）m³ 2）段	1）以立方米计量，按设计图示尺寸以体积计算。扣除空心踏步板孔洞体积 2）以段计量，按设计图示数量计算	1）模板制作、安装、拆除、堆放、运输及清理模内杂物、刷隔离剂等 2）混凝土制作、运输、浇筑、振捣、养护 3）构件运输、安装 4）砂浆制作、运输 5）接头灌缝、养护

注：以段计量，必须描述单件体积。

（14）其他预制构件（编码：010514）工程量清单项目设置及工程量计算规则见表6-32。

表 6-32　其他预制构件（编码：010514）

项目编码	项目名称	项目特征	计量单位	工程量计算规则	工程内容
010514001	垃圾道、通风道、烟道	1）单件体积 2）混凝土强等级 3）砂浆强度等级	1）m³ 2）m² 3）根（块、套）	1）以立方米计量，按设计图示尺寸以体积计算。不扣除单个面积≤300mm×300mm的孔洞所占体积，扣除烟道、垃圾道、通风道的孔洞所占体积 2）以平方米计量，按设计图示尺寸以面积计算。不扣除单个面积≤300mm×300mm的孔洞所占面积 3）以根计量，按设计图示尺寸以数量计算	1）模板制作、安装、拆除、堆放、运输及清理模内杂物、刷隔离剂等 2）混凝土制作、运输、浇筑、振捣、养护 3）构件运输、安装 4）砂浆制作、运输 5）接头灌缝、养护
010514002	其他构件	1）单件体积 2）构件的类型 3）混凝土强度等级 4）砂浆强度等级			

注：1. 以块、根计量，必须描述单件体积。
　　2. 预制钢筋混凝土小型池槽、压顶、扶手、垫块、隔热板、花格等，按本表中其他构件项目编码列项。

（15）钢筋工程（编码：010515）工程量清单项目设置及工程量计算规则见表6-33。

表6-33　钢筋工程（编码：010515）

项目编码	项目名称	项目特征	计量单位	工程量计算规则	工程内容
010515001	现浇构件钢筋	钢筋种类、规格	t	按设计图示钢筋（网）长度（面积）乘以单位理论质量计算	1）钢筋制作、运输 2）钢筋安装 3）焊接（绑扎）
010515002	预制构件钢筋				
010515003	钢筋网片				1）钢筋网制作 2）钢筋网安装 3）焊接（绑扎）
010515004	钢筋笼	1）钢筋种类、规格 2）锚具种类		按设计图示钢筋长度乘以单位理论质量计算	1）钢筋笼制作、运输 2）钢筋笼安装 3）焊接（绑扎）
010515005	先张法预应力钢筋			按设计图示钢筋（丝束、绞丝）长度乘以单位理论质量计算	1）钢筋制作、运输 2）钢筋张拉
010515006	后张法预应力钢筋	1）钢筋种类、规格 2）钢丝种类、规格 3）钢绞线种类、规格	t	1）低合金钢筋两端均采用螺杆锚具时，钢筋长度按孔道长度减0.35m计算，螺杆另行计算 2）低合金钢筋一端采用镦头插片，另一端采用螺杆锚具时，钢筋长度按孔道长度计算，螺杆另行计算 3）低合金钢筋一端采用镦头插片，另一端采用帮条锚具时，钢筋长度按孔道长度增加0.15m计算；两端均采用帮条锚具时，钢筋长度按孔道长度增加0.3m计算 4）低合金钢筋采用后张混凝土自锚时，钢筋长度按孔道长度增加0.35m计算 5）低合金钢筋（钢绞线）采用JM、XM、QM型锚具，孔道长度≤20m时，钢筋长度按孔道长度增加1.8m计算	1）钢筋、钢丝、钢绞线制作、运输 2）钢筋、钢丝、钢绞线安装 3）预埋管孔道铺设
010515007	预应力钢丝				
010515008	预应力钢绞线	1）锚具种类 2）砂浆强度等级	t	1）碳素钢丝采用锥形锚具，孔道长度≤20m时，钢丝束长度按孔道长度增加1m计算，孔道长度＞20m时，钢丝束长度按孔道长度增加1.8m计算 2）碳素钢丝采用镦头锚具时，钢丝束长度按孔道长度增加0.35m计算	1）锚具安装 2）砂浆制作、运输 3）孔道压浆、养护

（续）

项目编码	项目名称	项目特征	计量单位	工程量计算规则	工程内容
010515009	支撑钢筋（铁马）	1）材质 2）规格型号		按钢筋长度乘以单位理论质量计算	钢筋制作、焊接、安装
010515010	声测管	1）钢筋种类 2）规格	t	按设计图示尺寸以质量计算	1）检测管截断、封头 2）套管制作、焊接 3）定位、固定

注：1. 现浇构件中伸出构件的锚固钢筋应并入钢筋工程量内。除设计（包括规范规定）标明的搭接外，其他施工搭接不计算工程量，在综合单价中综合考虑。

2. 现浇构件中固定位置的支撑钢筋、双层钢筋用的"铁马"在编制工程量清单时，如果设计未明确，其工程数量可为暂估量，结算时按现场签证数量计算。

（16）螺栓、铁件（编码：010516）工程量清单项目设置及工程量计算规则见表6-34。

表6-34　螺栓、铁件（编码：010516）

项目编码	项目名称	项目特征	计量单位	工程量计算规则	工程内容
010516001	螺栓	1）螺栓种类 2）规格		按设计图示尺寸以质量计算	1）螺栓、铁件制作、运输 2）螺栓、铁件安装
010516002	预埋铁	1）钢材种类 2）规格 3）铁件尺寸	t		
010516003	机械连接	1）连接方式 2）螺纹套筒种类 3）规格	个	按数量计算	1）钢筋套螺纹 2）套筒连接

注：编制工程量清单时，如果设计未明确，其工程数量可为暂估量，实际工程量按现场签证数量计算。

二、工程量计算实例

【例6-5】某工程现浇钢筋混凝土无梁板尺寸如图6-41所示，计算现浇钢筋混凝土无梁板混凝土工程量。

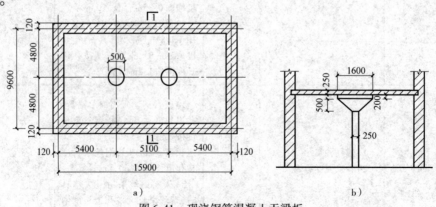

图6-41　现浇钢筋混凝土无梁板

a）平面图　b）1-1剖面图

【错误答案】

解： （1） 定额工程量：

无梁板混凝土的工程量 $= 15.9 \times 9.6 \times 0.25 + (1.6/2)^2 \times 3.14 \times 0.2 \times 2 = 38.96 (\mathrm{m}^3)$

（2） 清单工程量：清单工程量同定额工程量。

解析： 本题主要考核的是现浇钢筋混凝土无梁板混凝土的工程量。由剖面图可知，现浇钢筋混凝土无梁板由三部分构成，其计算式中只计算了两个部分。

【正确答案】

解： （1） 定额工程量：

无梁板混凝土的工程量 $= 15.9 \times 9.6 \times 0.25 + (1.6/2)^2 \times 3.14 \times 0.2 \times 2 + 1/3 \times 3.14 \times 0.5 \times (0.25^2 + 0.8^2 + 0.25 \times 0.8) \times 2 = 39.91 (\mathrm{m}^3)$

（2） 清单工程量：清单工程量同定额工程量。

第七节　金属工程工程量的计算

一、工程量计算规则

1. 基础定额工程量计算规则

（1） 金属结构制作按图示钢材尺寸以吨计算，不扣除孔眼、切边的重量，焊条、铆钉、螺栓等重量，已包括在定额内不另计算。在计算不规则或多边形钢板重量时，均以其最大对角线乘以最大宽度的矩形面积计算。

（2） 实腹柱、吊车梁、H型钢按图示尺寸计算，其中腹板及翼板宽度按每边增加25mm计算。

（3） 制动梁的制作工程量包括制动梁、制动桁梁、制动板重量；墙架的制作工程量包括墙架柱、墙架梁及连接柱杆重量；钢柱制作工程量包括依附于柱上的牛腿及悬臂梁重量。

（4） 轨道制作工程量，只计算轨道本身重量，不包括轨道垫板、压板、斜垫、夹板及连接角钢等重量。

（5） 钢栏杆制作，仅适用于工业厂房中平台、操作台的钢栏杆。民用建筑中钢栏杆等按本定额其他章节有关项目计算。

（6） 钢漏斗制作工程量，矩形按图示分片，圆形按图示展开尺寸，并依钢板宽度分段计算，每段均以其上口长度（圆形以分段展开上口长度）与钢板宽度，按矩形计算，依附漏斗的型钢并入漏斗重量内计算。

2. 清单计价工程量计算规则

（1） 钢网架（编码：010601）工程量清单项目设置及工程量计算规则见表6-35。

表 6-35　钢网架（编码：010601）

项目编码	项目名称	项目特征	计量单位	工程量计算规则	工程内容
010601001	钢网架	1）钢材品种、规格 2）网架节点形式、连接方式 3）网架跨度、安装高度 4）探伤要求 5）防火要求	t	按设计图示尺寸以质量计算。不扣除孔眼的质量，焊条、铆钉等不另增加质量	1）拼装 2）安装 3）探伤 4）补刷油漆

（2）钢屋架、钢托架、钢桁架、钢架桥（编码：010602）工程量清单项目设置及工程量计算规则见表 6-36。

表 6-36　钢屋架、钢托架、钢桁架、钢架桥（编码：010602）

项目编码	项目名称	项目特征	计量单位	工程量计算规则	工程内容
010602001	钢屋架	1）钢材品种、规格 2）单榀质量 3）屋架跨度、安装高度 4）螺栓种类 5）探伤要求 6）防火要求	1）榀 2）t	1）以榀计量，按设计图示数量计算 2）以吨计量，按设计图示尺寸以质量计算。不扣除孔眼的质量，焊条、铆钉、螺栓等不另增加质量	1）拼装 2）安装 3）探伤 4）补刷油漆
010602002	钢托架	1）钢材品种、规格 2）单榀质量 3）安装高度 4）螺栓种类 5）探伤要求 6）防火要求	t	按设计图示尺寸以质量计算。不扣除孔眼的质量，焊条、铆钉、螺栓等不另增加质量	1）拼装 2）安装 3）探伤 4）补刷油漆
010602003	钢桁架				
010602004	钢架桥	1）桥类型 2）钢材品种、规格 3）单榀质量 4）安装高度 5）螺栓种类 6）探伤要求			

注：以榀计量，按标准图设计的应注明标准图代号，按非标准图设计的项目特征必须描述单榀屋架的质量。

（3）钢柱（编码：010603）工程量清单项目设置及工程量计算规则见表 6-37。

表 6-37　钢柱（编码：010603）

项目编码	项目名称	项目特征	计量单位	工程量计算规则	工程内容
010603001	实腹钢柱	1）柱类型 2）钢材品种、规格 3）单根柱质量 4）螺栓种类 5）探伤要求 6）防火要求	t	按设计图示尺寸以质量计算。不扣除孔眼的质量，焊条、铆钉、螺栓等不另增加质量，依附在钢柱上的牛腿及悬臂梁等并入钢柱工程量内	1）拼装 2）安装 3）探伤 4）补刷油漆
010603002	空腹钢柱				
010603003	钢管柱	1）钢材品种、规格 2）单根柱质量 3）螺栓种类 4）探伤要求 5）防火要求		按设计图示尺寸以质量计算。不扣除孔眼的质量，焊条、铆钉、螺栓等不另增加质量，钢筋柱上的节点板、加强环、内衬管、牛腿等并入钢管柱工程量内	

注：1. 实腹钢柱类型指十字形、T 形、L 形、H 形等。

2. 空腹钢柱类型指箱形、格构等。

3. 型钢混凝土柱浇筑钢筋混凝土，其混凝土和钢筋应按《房屋建筑与装饰工程工程量计算规范》（GB 50854—2013）中混凝土及钢筋混凝土工程中相关项目编码列项。

（4）钢梁（编码：010604）工程量清单项目设置及工程量计算规则见表6-38。

表6-38　钢梁（编码：010604）

项目编码	项目名称	项目特征	计量单位	工程量计算规则	工程内容
010604001	钢梁	1）梁类型 2）钢材品种、规格 3）单根质量 4）螺栓种类 5）安装高度 6）探伤要求 7）防火要求	t	按设计图示尺寸以质量计算。不扣除孔眼的质量，焊条铆钉、螺栓等不另增加质量，制动梁、制动板、制动桁架、车挡并入钢吊车梁工程量内	1）拼装 2）安装 3）探伤 4）补刷油漆
010604002	钢吊车梁	1）钢材品种、规格 2）单根质量 3）螺栓种类 4）安装高度 5）探伤要求 6）防火要求			

注：1. 梁类型指H形、L形、T形、箱形、格构式等。

2. 型钢混凝土梁浇筑钢筋混凝土，其混凝土和钢筋应按《房屋建筑与装饰工程工程量计算规范》（GB 50854—2013）中混凝土及钢筋混凝土工程中相关项目编码列项。

（5）钢板楼板、墙板（编码：010605）工程量清单项目设置及工程量计算规则见表6-39。

表6-39　钢板楼板、墙板（编码：010605）

项目编码	项目名称	项目特征	计量单位	工程量计算规则	工程内容
010605001	钢板楼板	1）钢材品种、规格 2）钢板厚度 3）螺栓种类 4）防火要求	m²	按设计图示尺寸以铺设水平投影面积计算。不扣除单个面积≤0.3m²的柱、垛及孔洞所占面积	1）拼装 2）安装 3）探伤 4）补刷油漆
010605002	钢板墙板	1）钢材品种、规格 2）钢板厚度、复合板厚度 3）螺栓种类 4）复合板夹芯材料种类、层数、型号、规格 5）防火要求		按设计图示尺寸以铺挂展开面积计算。不扣除单个面积≤0.3m²的梁、孔洞所占面积，包角、包边、窗台泛水等不另加面积	1）拼装 2）安装 3）探伤 4）补刷油漆

注：1. 钢板楼板上浇筑钢筋混凝土，其混凝土和钢筋应按《房屋建筑与装饰工程工程量计算规范》（GB 50854—2013）中混凝土及钢筋混凝土工程中相关项目编码列项。

2. 压型钢楼板按本表中钢板楼板项目编码列项。

（6）钢构件（编码：010606）工程量清单项目设置及工程量计算规则见表6-40。

表6-40　钢构件（编码：010606）

项目编码	项目名称	项目特征	计量单位	工程量计算规则	工程内容
010606001	钢支撑、钢拉条	1）钢材品种、规格 2）构件类型 3）安装高度 4）螺栓种类 5）探伤要求 6）防火要求	t	按设计图示尺寸以质量计算，不扣除孔眼的质量，焊条铆钉、螺栓等不另增加质量	1）拼装 2）安装 3）探伤 4）补刷油漆

（续）

项目编码	项目名称	项目特征	计量单位	工程量计算规则	工程内容
010606002	钢檩条	1) 钢材品种、规格 2) 构件类型 3) 单根质量 4) 安装高度 5) 螺栓种类 6) 探伤要求 7) 防火要求	t	按设计图示尺寸以质量计算,不扣除孔眼的质量,焊条、铆钉、螺栓等不另增加质量	1) 拼装 2) 安装 3) 探伤 4) 补刷油漆
010606003	钢天窗架	1) 钢材品种、规格 2) 单榀质量 3) 安装高度 4) 螺栓种类 5) 探伤要求 6) 防火要求			
010606004	钢挡风架	1) 钢材品种、规格 2) 单榀质量 3) 螺栓种类 4) 探伤要求 5) 防火要求			
010606005	钢墙架				
010606006	钢平台	1) 钢材品种、规格 2) 螺栓种类 3) 防火要求			
010606007	钢走道				
010606008	钢梯	1) 钢材品种、规格 2) 钢梯形式 3) 螺栓种类 4) 防火要求			
010606009	钢护栏	1) 钢材品种、规格 2) 防火要求			
010606010	钢漏斗	1) 钢材品种、规格 2) 漏斗、天沟形式 3) 安装高度 4) 探伤要求		按设计图示尺寸以质量计算,不扣除孔眼的质量,焊条、铆钉、螺栓等不另增加质量,依附漏斗或天沟的型钢并入漏斗或天沟工程量内	
010606011	钢板天沟				
010606012	钢支架	1) 钢材品种、规格 2) 安装高度 3) 防火要求		按设计图示尺寸以质量计算,不扣除孔眼的质量,焊条、铆钉、螺栓等不另增加质量	
010606013	零星钢构件	1) 构件名称 2) 钢材品种、规格			

注: 1. 钢墙架项目包括墙架柱、墙架梁和连接杆件。
　　2. 钢支撑、钢拉条类型指单式、复式;钢檩条类型指型钢式、格构式;钢漏斗形式指方形、圆形;天沟形式指矩形沟或半圆形沟。
　　3. 加工铁件等小型构件,按本表中零星钢构件项目编码列项。

（7）金属制品（编码：010607）工程量清单项目设置及工程量计算规则见表6-41。

表 6-41　金属制品（编码：010607）

项目编码	项目名称	项目特征	计量单位	工程量计算规则	工程内容
010607001	成品空调金属百叶护栏	1）材料品种、规格 2）边框材质	m²	按设计图示尺寸以框外围展开面积计算	1）安装 2）校正 3）预埋铁件及安螺栓
010607002	成品栅栏	1）材料品种、规格 2）边框及立柱型钢品种、规格			1）安装 2）校正 3）预埋铁件 4）安螺栓及金属立柱
010607003	成品雨篷	1）材料品种、规格 2）雨篷宽度 3）凉衣杆品种、规格	1）m 2）m²	1）以米计量，按设计图示接触边以米计算 2）以平方米计量，按设计图示尺寸以展开面积计算	1）安装 2）校正 3）预埋铁件及安螺栓
010607004	金属网栏	1）材料品种、规格 2）边框及立柱型钢品种、规格	m²	按设计图示尺寸以框外围展开面积计算	1）安装 2）校正 3）安螺栓及金属立柱
010607005	砌块墙钢丝网	1）材料品种、规格 2）加固方式			1）铺贴 2）铆固
010607006	后浇带金属网				

注：抹灰钢丝网加固按本表中砌块墙钢丝网加固项目编码列项。

二、工程量计算实例

【例6-6】某厂房金属结构工程钢屋架，如图6-42所示，上弦钢材单位理论质量为7.398kg，下弦钢材单位理论质量为1.58kg，立杆钢材、斜撑钢材和檩托钢材单位理论质量为3.77kg，连接板单位理论质量为62.80kg，计算该钢屋架的工程量。

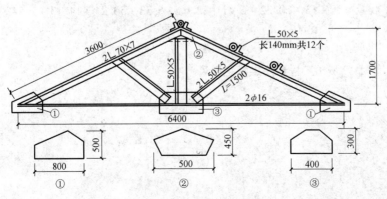

图 6-42　钢屋架示意图

【错误答案】

解：（1）定额工程量：

杆件质量 = 杆件设计图示长度×单位理论质量

上弦质量 = 3.6×2×2×7.398 = 106.53（kg）

下弦质量 = 6.4×1.58 = 10.11（kg）

立杆质量 = 1.7×3.77 = 6.41（kg）

斜撑质量 = 1.5×2×3.77 = 11.31（kg）

檩托质量 = 0.14×12×3.77 = 6.33（kg）

多边形钢板质量 = 最大对角线长度×最大宽度×面密度

①号连接板质量 = 0.8×0.5×2×62.80 = 50.24（kg）

②号连接板质量 = 0.5×0.45×62.80 = 14.13（kg）

③号连接板质量 = 0.4×0.3×62.80 = 7.54（kg）

钢屋架的工程量 = 106.53 + 10.11 + 6.41 + 11.31 + 6.33 + 50.24 + 14.13 + 7.54

$\qquad$ = 212.6（kg）

$\qquad$ = 0.213（t）

（2）清单工程量：清单工程量同定额工程量。

解析：本题主要考核的是钢屋架的工程量。这道题已把各个钢材的单位理论质量给出，其需要注意的地方是数量的确定，上题中下弦质量和斜撑质量的计算错误。

【正确答案】

解：（1）定额工程量：

杆件质量 = 杆件设计图示长度×单位理论质量

上弦质量 = 3.60×2×2×7.398 = 106.53（kg）

下弦质量 = 6.40×2×1.58 = 20.22（kg）

立杆质量 = 1.70×3.77 = 6.41（kg）

斜撑质量 = 1.50×2×2×3.77 = 22.62（kg）

檩托质量 = 0.14×12×3.77 = 6.33（kg）

多边形钢板质量 = 最大对角线长度×最大宽度×面密度

①号连接板质量 = 0.8×0.5×2×62.80 = 50.24（kg）

②号连接板质量 = 0.5×0.45×62.80 = 14.13（kg）

③号连接板质量 = 0.4×0.3×62.80 = 7.54（kg）

钢屋架的工程量 = 106.53 + 20.22 + 6.41 + 22.62 + 6.33 + 50.24 + 14.13 + 7.54

$\qquad$ = 234.02（kg）

$\qquad$ = 0.234（t）

（2）清单工程量：清单工程量同定额工程量。

第八节　木结构工程工程量的计算

一、工程量计算规则

1. 木结构定额工程量计算规则

（1）木屋架制作安装均按设计断面竣工木料以立方米计算，其后备长度及配制损耗均不另外计算。

（2）方木屋架一面刨光时厚度增加3mm，两面刨光时厚度增加5mm，圆木屋架按屋架刨光时木材体积每立方米增加0.05m³计算。附属于屋架的夹板、垫木等已并入相应的屋架制作项目中不另计算；与屋架连接的挑檐木、支撑等，其工程量并入屋架竣工木料体积内计算。

（3）屋架的制作安装应区别不同跨度，其跨度应以屋架上、下弦杆的中心线交点之间的长度为准。带气楼的屋架并入所依附屋架的体积内计算。

（4）屋架的马尾、折角和正交部分半屋架，应并入相连接屋架的体积内计算。

（5）钢木屋架区别圆、方木，按竣工木料以立方米计算。

（6）圆木屋架连接的挑檐木、支撑等如为方木时，其方木部分应乘以系数1.7折合成圆木并入屋架竣工木料内，单独的方木挑檐，按矩形檩木计算。

（7）檩木按竣工木料以立方米计算。简支檩长度按设计规定计算，如设计无规定者，按屋架或山墙中距增加200mm计算，如两端出山，檩条长度算至搏风板；连续檩条的长度按设计长度计算，其接头长度按全部连续檩木总体积的5%计算。檩条托木已计入相应的檩木制作项目中，不另计算。

2. 清单计价工程量计算规则

（1）木屋架（编码：010701）工程量清单项目设置及工程量计算规则见表6-42。

表6-42　木屋架（编码：010701）

项目编码	项目名称	项目特征	计量单位	工程量计算规则	工程内容
010701001	木屋架	1）跨度 2）材料品种、规格 3）刨光要求 4）拉杆及夹板种类 5）防护材料种类	1）榀 2）m³	1）以榀计量，按设计图示数量计算 2）以立方米计算，按设计图示的规格尺寸以体积计算	1）制作 2）运输 3）安装 4）刷防护材料
010701002	钢木屋架	1）跨度 2）木材品种、规格 3）刨光要求 4）钢材品种、规格 5）防护材料种类	榀	以榀计量，按设计图示数量计算	

注：1. 屋架的跨度应以上、下弦中心线两交点之间的距离计算。
2. 带气楼的屋架和马尾、折角以及正交部分的半屋架，按相关屋架项目编码列项。
3. 以榀计量，按标准设计的应注明标准图代号，按非标准图设计的项目特征必须按本表要求予以描述。

（2）木构件（编码：010702）工程量清单项目设置及工程量计算规则见表6-43。

表6-43　木构件（编码：010702）

项目编码	项目名称	项目特征	计量单位	工程量计算规则	工程内容
010702001	木桩		m^3	按设计图示尺寸以体积计算	
010702002	木梁				
010702003	木檩	1）构件规格尺寸 2）木材种类 3）刨光要求 4）防护材料种类	1）m^3 2）m	1）以立方米计量，按设计图示尺寸以体积计算 2）以米计量，按设计图示尺寸以长度计算	1）制作 2）运输 3）安装 4）刷防护材料
010702004	木楼梯	1）楼梯形式 2）木材种类 3）刨光要求 4）防护材料种类	m^2	按设计图示尺寸以水平投影面积计算。不扣除宽度≤300mm的楼梯井，伸入墙内部分不计算	
010702005	其他木构件	1）构件名称 2）构件规格尺寸 3）木材种类 4）刨光要求 5）防护材料种类	1）m^3 2）m	1）以立方米计量，按设计图示尺寸以体积计算 2）以米计量，按设计图示尺寸以长度计算	

注：1. 木楼梯的栏杆（栏板）、扶手，应按《房屋建筑与装饰工程工程量计算规范》（GB 50854—2013）中的相关项目编码列项。
　　2. 以米计量，项目特征必须描述构件规格尺寸。

（3）屋面木基层（编码：010703）工程量清单项目设置及工程量计算规则见表6-44。

表6-44　屋面木基层（编码：010703）

项目编码	项目名称	项目特征	计量单位	工程量计算规则	工程内容
010703001	屋面木基层	1）椽子断面尺寸及椽距 2）望板材料种类、厚度 3）防护材料种类	m^3	按设计图示尺寸以斜面积计算 不扣除房上烟囱、风帽底座、风道、小气窗、斜沟等所占面积，小气窗的出檐部分不增加面积	1）椽子制作、安装 2）望板制作、安装 3）顺水条和挂瓦条制作、安装 4）刷防护材料

二、工程量计算实例

【例6-7】某工业厂房屋顶，如图6-43所示，计算该屋顶木基层的椽子、挂瓦条的工程量。

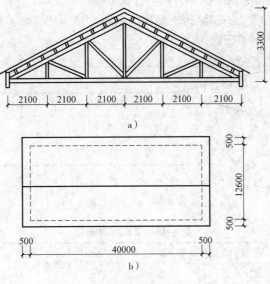

图 6-43　屋顶示意图

a）立面图　b）平面图

【错误答案】

（1）定额工程量：

木基层的椽子、挂瓦条的工程量 $= (40 + 0.5 \times 2) + (12.6 + 0.5 \times 2)$

$$= 41 + 13.6$$

$$= 54.6(\text{m})$$

（2）清单工程量：清单工程量同定额工程量。

解析： 本题主要考核的是屋顶木基层的工程量。以上答案中没有考虑到木屋顶的相对面层，少计算一面的长度。

【正确答案】

解：（1）定额工程量：

木基层的椽子、挂瓦条的工程量 $= [(40 + 0.5 \times 2) + (12.6 + 0.5 \times 2)] \times 2$

$$= (41 + 13.6) \times 2$$

$$= 109.20(\text{m})$$

（2）清单工程量：清单工程量同定额工程量。

第九节　屋面及防水工程工程量的计算

一、工程量计算规则

1. 基础定额工程量计算规则

（1）瓦屋面、金属压型板屋面。

瓦屋面、金属压型板（包括挑檐部分）均按图 6-44 中尺寸的水平投影面积乘以屋面坡度系数，见表 6-45 以平方米计算。不扣除房上烟囱、风帽底座、风道、屋面小气窗、斜沟等所占面积，屋面小气窗的出檐部分亦不增加。

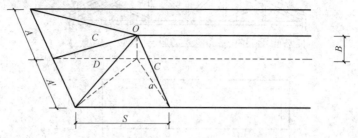

图 6-44　瓦屋面、金属压型板工程量计算

表 6-45　屋面坡度系数

坡度			延尺系数 C	隔延尺系数 D
B/A（$A=1$）	$B/2A$	角度 a		
1	1/2	45°	1.4142	1.7321
0.75		36°52′	1.2500	1.6008
0.70		35°	1.2207	1.5779
0.666	1/3	33°40′	1.2015	1.5620
0.65		33°01′	1.1926	1.5564
0.60		30°58′	1.1662	1.5362
0.577		30°	1.1547	1.5270
0.55		28°49′	1.1413	1.5170
0.50	1/4	26°34′	1.1180	1.5000
0.45		24°14′	1.0966	1.4839
0.40	1/5	21°48′	1.0770	1.4697
0.35		19°17′	1.0594	1.4569
0.30		16°42′	1.0440	1.4457
0.25		14°02′	1.0308	1.4362
0.20	1/10	11°19′	1.0198	1.4283
0.15		8°32′	1.0112	1.4221
0.125		7°8′	1.0078	1.4191
0.100	1/20	5°42′	1.0050	1.4177
0.083		4°45′	1.0035	1.4166
0.066	1/30	3°49′	1.0022	1.4157

注：1. $A=A'$，且 $S=0$ 时，为等两坡屋面；$A=A'=S$ 时，为四坡屋面。
　　2. 屋面斜铺面积 = 屋面水平投影面积 C。
　　3. 等两坡屋面山墙泛水斜长：OC。
　　4. 等四坡屋面斜脊长度：OD。

（2）卷材屋面。

1）卷材屋面按图示尺寸的水平投影面积乘以规定的坡度系数，见表6-45，以平方米计算。但不扣除房上烟囱、风帽底座、风道、屋面小气窗和斜沟所占的面积，屋面的女儿墙、伸缩缝和天窗等处的弯起部分，按图示尺寸并入屋面工程量计算。如图样无规定时，伸缩缝、女儿墙的弯起部分可按250mm计算，天窗弯起部分可按500mm计算。

2）卷材屋面的附加层、接缝、收头，找平层的嵌缝、冷底子油已计入定额内，不另计算。

（3）涂膜屋面。涂膜屋面的工程量计算同卷材屋面。涂膜屋面的油膏嵌缝、玻璃布盖缝、屋面分格缝，以延长米计算。

（4）屋面排水。

1）铁皮排水按图示尺寸以展开面积计算，如图样没有注明尺寸时，可按表6-46计算。咬口和搭接等已计入定额项目中，不另计算。

表6-46　铁皮排水单体零件折算表

名　　称		单位	水落管（M）	檐沟（M）	水斗（个）	漏斗（个）	下水口（个）		
铁皮排水	水落管、檐沟、水斗、漏斗、下水口	m²	0.32	0.30	0.40	0.16	0.45		
	天沟、斜沟、天窗窗台泛水、天窗侧面泛水、烟囱泛水、通气管泛水、滴水檐头泛水、滴水线	m²	天沟（M）	斜沟、天窗窗台泛水（M）	烟囱泛水（M）	通气管泛水（M）	滴水檐头泛水（M）	天窗侧面泛水（M）	滴水线（M）
			1.30	0.50	0.80	0.22	0.24	0.70	0.11

2）铸铁、玻璃钢水落管区别不同直径，按图示尺寸以延长米计算，雨水口、水斗、弯头、短管以个数计算。

（5）防水工程。

1）建筑物地面防水、防潮层，按主墙间净空面积计算，扣除凸出地面的构筑物、设备基础等所占的面积，不扣除柱、垛、间壁墙、烟囱及单个面积在0.3m²以内的孔洞所占面积。与墙面连接处高度在500mm以内者，按展开面积计算，并入平面工程量内，与墙连接处高度超过500mm时，按立面防水层计算。

2）建筑物墙基防水、防潮层，外墙长度按中心线、内墙按净长，乘以宽度以平方米计算。

3）构筑物及建筑物地下室防水层，按实铺面积计算，但不扣除单个面积在0.3m²以内的孔洞面积。平面与立面交接处的防水层，其上卷高度超过500mm时，按立面防水层计算。

4）防水卷材的附加层、接缝、收头、冷底子油等人工材料均已计入定额内，不另计算。

5）变形缝按延长米计算。

2. 清单计价工程量计算规则

（1）瓦、型材及其他屋面（编码：010901）工程量清单项目设置及工程量计算规则见表6-47。

表 6-47　瓦、型材及其他屋面（编码：010901）

项目编码	项目名称	项目特征	计量单位	工程量计算规则	工程内容
010901001	瓦屋面	1）瓦品种、规格 2）黏结层砂浆的配合比		按设计图示尺寸以斜面积计算 不扣除房上烟囱、风帽底座、风道、小气窗、斜沟等所占面积。小气窗的出檐部分不增加面积	1）砂浆制作、运输、摊铺、养护 2）安瓦、作瓦脊
010901002	型材屋面	1）型材品种、规格 2）金属檩条材料品种、规格 3）接缝、嵌缝材料种类			1）檩条制作、运输、安装 2）屋面型材安装 3）接缝、嵌缝
010901003	阳光板屋面	1）阳光板品种、规格 2）骨架材料品种、规格 3）接缝、嵌缝材料种类 4）油漆品种、刷漆遍数	m²	按设计图示尺寸以斜面积计算 不扣除屋面单个面积≤0.3m²孔洞所占面积	1）骨架制作、运输、安装，刷防护材料、油漆 2）阳光板安装 3）接缝、嵌缝
010901004	玻璃钢屋面	1）玻璃钢品种、规格 2）骨架材料品种、规格 3）玻璃钢固定方式 4）接缝、嵌缝材料种类 5）油漆品种、刷漆遍数			1）骨架制作、运输、安装，刷防护材料、油漆 2）玻璃钢制作、安装 3）接缝、嵌缝
010901005	膜结构屋面	1）膜布品种、规格 2）支柱（网架）钢材品种、规格 3）钢丝绳品种、规格 4）锚固基座做法 5）油漆品种、刷漆遍数		按设计图示尺寸以需要覆盖的水平投影面积计算	1）膜布热压胶接 2）支柱（网架）制作、安装 3）膜布安装 4）穿钢丝绳、锚头锚固 5）锚固基座、挖土、回填 6）刷防护材料，油漆

注：1. 瓦屋面若是在木基层上铺瓦，项目特征不必描述黏结层砂浆的配合比，瓦屋面铺防水层，按表 6-48 屋面防水及其他相关项目编码列项。

2. 型材屋面、阳光板屋面、玻璃钢屋面的柱、梁、屋架，按《房屋建筑与装饰工程工程量计算规范》（GB 50854—2013）中金属结构工程、木结构工程中相关项目编码列项。

（2）屋面防水及其他（编码：010902）工程量清单项目设置及工程量计算规则见表 6-48。

表6-48 屋面防水及其他（编码：010902）

项目编码	项目名称	项目特征	计量单位	工程量计算规则	工程内容
010902001	屋面卷材防水	1）卷材品种、规格、厚度 2）防水层数 3）防水层做法	m²	按设计图示尺寸以面积计算 1）斜屋顶（不包括平屋顶找坡）按斜面积计算，平屋顶按水平投影面积计算 2）不扣除房上烟囱、风帽底座、风道、屋面小气窗和斜沟所占面积 3）屋面的女儿墙、伸缩缝和天窗等处的弯起部分，并入屋面工程量内	1）基层处理 2）刷底油 3）铺油毡卷材、接缝
010902002	屋面涂膜防水	1）防水膜品种 2）涂膜厚度、遍数 3）增强材料种类			1）基层处理 2）刷基层处理剂 3）铺布、喷涂防水层
010902003	屋面刚性层	1）刚性层厚度 2）混凝土种类 3）混凝土强度等级 4）嵌缝材料种类 5）钢筋规格、型号		按设计图示尺寸以面积计算。不扣除房上烟囱、风帽底座、风道等所占面积	1）基层处理 2）混凝土制作、运输、铺筑、养护 3）钢筋制作、安装
010902004	屋面排水管	1）排水管品种、规格 2）雨水斗、山墙出水口品种、规格 3）接缝、嵌缝材料种类 4）油漆品种、刷漆遍数	m	按设计图示尺寸以长度计算。如设计未标注尺寸，以檐口至设计室外散水上表面垂直距离计算	1）排水管及配件安装、固定 2）雨水斗、山墙出水口、雨水箅子安装 3）接缝、嵌缝 4）刷漆
010902005	屋面排（透）气管	1）排（透）气管品种、规格 2）接缝、嵌缝材料种类 3）油漆品种、刷漆遍数		按设计图示尺寸以长度计算	1）排（透）气管及配件安装、固定 2）铁件制作、安装 3）接缝、嵌缝 4）刷漆
010902006	屋面(廊、阳台)泄(吐)水管	1）吐水管品种、规格 2）接缝、嵌缝材料种类 3）吐水管长度 4）油漆品种、刷漆遍数	根（个）	按设计图示数量计算	1）水管及配件安装、固定 2）接缝、嵌缝 3）刷漆
010902007	屋面天沟、檐沟	1）材料品种、规格 2）接缝、嵌缝材料种类	m²	按设计图示数量计算	1）天沟材料铺设 2）天沟配件安装 3）接缝、嵌缝 4）刷防护材料

（续）

项目编码	项目名称	项目特征	计量单位	工程量计算规则	工程内容
010902008	屋面变形缝	1）嵌缝材料种类 2）止水带材料种类 3）盖缝材料 4）防护材料种类	m	按设计图示尺寸以展开面积计算	1）清缝 2）填塞防水材料 3）止水带安装 4）盖缝制作、安装 5）刷防护材料

注：1. 屋面刚性层无钢筋，其钢筋项目特征不必描述。
　　2. 屋面找平层按《房屋建筑与装饰工程工程量计算规范》（GB 50854—2013）中楼地面装饰工程"平面砂浆找平层"项目编码列项。
　　3. 屋面防水搭接及附加层用量不另行计算，在综合单价中考虑。
　　4. 屋面保温找坡层按《房屋建筑与装饰工程工程量计算规范》（GB 50854—2013）中保温、隔热、防腐工程"保温隔热屋面"项目编码列项。

（3）墙面防水、防潮（编码：010903）工程量清单项目设置及工程量计算规则见表6-49。

表6-49　墙面防水、防潮（编码：010903）

项目编码	项目名称	项目特征	计量单位	工程量计算规则	工程内容
010903001	墙面卷材防水	1）卷材品种、规格、厚度 2）防水层数 3）防水层做法	m²	按设计图示尺寸以面积计算	1）基层处理 2）刷黏结剂 3）铺防水卷材 4）接缝、嵌缝
010903002	墙面涂膜防水	1）防水膜品种 2）涂膜厚度、遍数 3）增强材料种类			1）基层处理 2）刷基层处理剂 3）铺布、喷涂防水层
010903003	墙面砂浆防水（防潮）	1）防水层做法 2）砂浆厚度、配合比 3）钢丝网规格			1）基层处理 2）挂钢丝网片 3）设置分格缝 4）砂浆制作、运输、摊铺、养护
010903004	墙面变形缝	1）嵌缝材料种类 2）止水带材料种类 3）盖缝材料 4）防护材料种类	m	按设计图示尺寸以长度计算	1）清缝 2）填塞防水材料 3）止水带安装 4）盖缝制作、安装 5）刷防护材料

注：1. 墙面防水搭接及附加层用量不另行计算，在综合单价中考虑。
　　2. 墙面变形缝，若做双面，工程量乘以系数2。
　　3. 墙面找平层按《房屋建筑与装饰工程工程量计算规范》（GB 50854—2013）中墙、柱面装饰与隔断、幕墙工程的"立面砂浆找平层"的项目编码列项。

（4）楼（地）面防水、防潮（编码：010904）工程量清单项目设置及工程量计算规则见表6-50。

表6-50　楼（地）面防水、防潮（编码：010904）

项目编码	项目名称	项目特征	计量单位	工程量计算规则	工程内容
010904001	楼（地）面卷材防水	1）卷材品种、规格、厚度 2）防水层数 3）防水层做法 4）反边高度	m²	按设计图示尺寸以面积计算 1）楼（地）面防水：按主墙间净空面积计算，扣除凸出地面的构筑物、设备基础等所占面积，不扣除间壁墙及单个面积≤0.3m²的柱、垛、烟囱和孔洞所占面积 2）楼（地）面防水反边高度≤300mm算作地面防水，反边高度>300mm按墙面防水计算	1）基层处理 2）刷黏结剂 3）铺防水卷材 4）接缝、嵌缝
010904002	楼（地）面涂膜防水	1）防水膜品种 2）涂膜厚度、遍数 3）增强材料种类 4）反边高度			1）基层处理 2）刷基层处理剂 3）铺布、喷涂防水层
010904002	楼（地）面涂膜防水	1）防水膜品种 2）涂膜厚度、遍数 3）增强材料种类 4）反边高度			1）基层处理 2）砂浆制作、运输、摊铺、养护
010904004	楼（地）面变形缝	1）嵌缝材料种类 2）止水带材料种类 3）盖缝材料 4）防护材料种类	m	按设计图示以长度计算	1）清缝 2）填塞防水材料 3）止水带安装 4）盖缝制作、安装 5）刷防护材料

注：1. 楼（地）面防水找平层按《房屋建筑与装饰工程工程量计算规范》（GB 50854—2013）中楼地面装饰工程"平面砂浆找平层"项目编码列项。

2. 楼（地）面防水搭接及附加层用量不另行计算，在综合单价中考虑。

二、工程量计算实例

【例6-8】某水落管如图6-45所示，室外地坪为−0.45m，水斗下口标高为18.60m，设计水落管共20根，檐口标高为19.60m，计算薄钢板（铁皮）排水工程量。

【错误答案】

解：（1）定额工程量：

1）铁皮水落管工程量：0.32×（18.6+0.45）×20＝121.92（m²）

2）雨水口工程量：（19.6+0.45）×20＝401（m²）

3）水斗工程量：（18.6+0.4）×20＝380（m²）

工程量合计：121.92+401+380＝902.92（m²）

4）弯头：20个

（2）清单工程量铁皮水落管工程量19.6+0.45＝24.1（m）。

24.1×20＝482（m）。

解析：本题主要考核的是薄钢板（铁皮）排水的工程量。以上解答中，定额工程量的计算不太容易理解。其中，雨水口工程量和水斗工程量计算有误。从解答的过程来看，没有把雨水口和水斗的位置理解清楚，导致错误计算。

【正确答案】

解：（1）定额工程量：

1）铁皮水落管工程量：0.32×（18.6+0.45）×20＝121.92（m²）

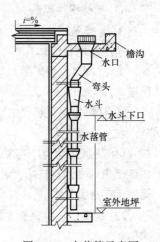

图6-45　水落管示意图

2）雨水口工程量：$0.45 \times 20 = 9(\text{m}^2)$

3）水斗工程量：$0.4 \times 20 = 8(\text{m}^2)$

工程量合计：$121.92 + 9 + 8 = 138.92(\text{m}^2)$

4）弯头：20个

（2）清单工程量铁皮水落管工程量：$19.6 + 0.45 = 24.1(\text{m})$。

$24.1 \times 20 = 482(\text{m})$。

第十节 防腐、保温、隔热工程工程量计算

一、工程量计算规则

1. 基础定额工程量计算规则

（1）保温隔热工程。

1）保温隔热层应区别不同保温隔热材料，除另有规定者外，均按设计实铺厚度，以立方米计算。

2）保温隔热层的厚度按隔热材料（不包括胶结材料）净厚度计算。

3）地面隔热层按围护结构墙体间净面积乘以设计厚度，以立方米计算，不扣除柱、垛所占的体积。

4）墙体隔热层，外墙按隔热层中心线、内墙按隔热层净长乘以图示尺寸的高度及厚度，以立方米计算。应扣除冷藏门洞口和管道穿墙洞口所占的体积。

5）柱包隔热层，按图示柱的隔热层中心线的展开长度乘以图示尺寸高度及厚度，以立方米计算。

6）其他保温隔热。

① 池槽隔热层按图示池槽保温隔热层的长、宽及其厚度，以立方米计算。其中池壁按墙面计算，池底按地面计算。

② 门洞口侧壁周围的隔热部分，按图示隔热层尺寸，以立方米计算，并入墙面的保温隔热工程量内。

③ 柱帽保温隔热屋按图示保温隔热层体积，并入顶棚保温隔热层工程量内。

（2）防腐工程。

1）防腐工程项目应区分不同防腐材料种类及其厚度，按设计实铺面积，以平方米计算。应扣除凸出地面的构筑物、设备基础等所占的面积，砖垛等凸出墙面部分按展开面积计算，并入墙面防腐工程量之内。

2）踢脚板按实铺长度乘以高度，以平方米计算，应扣除门洞所占面积并相应增加侧壁展开面积。

3）平面砌筑双层耐酸块料时，按单层面积乘以系数2计算。

4）防腐卷材接缝、附加层、收头等人工材料，已计入在定额中，不再另行计算。

2. 清单计价工程量计算规则

（1）保温、隔热（编码011001）工程量清单项目设置及工程量计算规则见表6-51。

表 6-51 保温、隔热（编码：011001）

项目编码	项目名称	项目特征	计量单位	工程量计算规则	工程内容
011001001	保温隔热屋面	1）保温隔热材料品种、规格、厚度 2）隔气层材料品种、厚度 3）黏结材料种类、做法 4）防护材料种类、做法		按设计图示尺寸以面积计算。扣除面积>0.3m² 的孔洞及占位面积	1）基层清理 2）刷黏结材料 3）铺粘保温层 4）铺、刷（喷）防护材料
011001002	保温隔热顶棚	1）保温隔热面层材料品种、规格、厚度 2）保温隔热材料品种、规格及厚度 3）黏结材料种类及做法 4）防护材料种类及做法		按设计图示尺寸以面积计算。扣除面积>0.3m² 的上柱、垛、孔洞所占面积，与天棚相连的梁按展开面积，计算并入天棚工程量内	1）基层清理 2）刷黏结材料 3）铺粘保温层 4）铺、刷（喷）防护材料
011001003	保温隔热墙面	1）保温隔热部位 2）保温隔热方法 3）踢脚线、勒脚线保温做法 4）龙骨材料品种、规格	m²	按设计图示尺寸以面积计算。扣除门窗洞口以及面积>0.3m² 的梁、孔洞所占面积；门窗洞口侧壁以及与墙相连的柱，并入保温温墙体工程量内	1）基层清理 2）刷界面剂 3）安装龙骨 4）填贴保温材料 5）保温板安装 6）粘贴面层 7）铺设增强格网、抹抗裂、防水砂浆面层 8）嵌缝 9）铺、刷（喷）防护材料
011001004	保温柱、梁	5）保温隔热面层材料品种、规格、性能 6）保温隔热材料品种、规格及厚度 7）增强网及抗裂防水砂浆种类 8）黏结材料种类及做法 9）防护材料种类及做法		按设计图示尺寸以面积计算 1）柱按设计图示柱断面保温层中心线展开长度乘以保温层高度以面积计算，扣除面积>0.3m² 的梁所占面积 2）梁按设计图示梁断面保温层中心线展开长度乘以保温层长度以面积计算	
011001005	保温隔热楼地面	1）保温隔热部位 2）保温隔热材料品种、规格、厚度 3）隔气层材料品种、厚度 4）黏结材料种类、做法 5）防护材料种类、做法		按设计图示尺寸以面积计算。扣除面积>0.3m² 的柱、垛、孔洞等所占面积。门洞、空圈、暖气包槽、壁龛的开口部分不增加面积	1）基层清理 2）刷黏结材料 3）铺粘保温层 4）铺、刷（喷）防护材料

（续）

项目编码	项目名称	项目特征	计量单位	工程量计算规则	工程内容
011001006	其他保温隔热	1）保温隔热部位 2）保温隔热方式 3）隔气层材料品种、厚度 4）保温隔热面层材料品种、规格、性能 5）保温隔热材料品种、规格及厚度 6）黏结材料种类及做法 7）增强网及抗裂防水砂浆种类 8）防护材料种类及做法	m²	按设计图示尺寸以展开面积计算。扣除面积 > 0.3m² 孔洞及占位面积	1）基层清理 2）刷界面剂 3）安装龙骨 4）粘贴保温材料 5）保温板安装 6）粘贴面层 7）铺设增强格网、抹抗裂防水砂浆面层 8）嵌缝 9）铺、刷（喷）防护材料

注：1. 保温隔热装饰面层，按《房屋建筑与装饰工程工程量计算规范》（GB 50854—2013）"楼地面装饰工程""墙、柱面装饰与隔断、幕墙工程""天棚工程""油漆、涂料、裱糊工程""其他装饰工程"中相关项目编码列项；仅做找平层按《房屋建筑与装饰工程工程量计算规范》（GB 50854—2013）中楼地面装饰工程"平面砂浆找平层"或墙、柱面装饰与隔断、幕墙工程"立面砂浆找平层"项目编码列项。
2. 柱帽保温隔热应并入天棚保温隔热工程量内。
3. 池槽保温隔热应按其他保温隔热项目编码列项。
4. 保温隔热方式：指内保温、外保温、夹心保温。
5. 保温柱、梁适用于不与墙、天棚相连的独立柱、梁。

（2）防腐面层（编码：011002）工程量清单项目设置及工程量计算规则见表6-52。

表 6-52　防腐面层（编码：011002）

项目编码	项目名称	项目特征	计量单位	工程量计算规则	工程内容
011002001	防腐混凝土面层	1）防腐部位 2）面层厚度 3）混凝土种类 4）胶泥种类、配合比	m²	按设计图示尺寸以面积计算 1）平面防腐：扣除凸出地面的构筑物、设备基础等以及面积 > 0.3m² 的孔洞、柱、垛等所占面积，门洞、空圈、暖气包槽、壁龛的开口部分不增加面积 2）立面防腐：扣除门、窗、洞口以及面积 > 0.3m² 的孔洞、梁所占面积，门、窗、洞口侧壁、垛凸出部分按展开面积并入墙面积内	1）基层清理 2）基层刷稀胶泥 3）混凝土制作、运输、摊铺、养护
011002002	防腐砂浆面层	1）防腐部位 2）面层厚度 3）砂浆、胶泥种类、配合比			1）基层清理 2）基层刷稀胶泥 3）砂浆制作、运输、摊铺、养护
011002003	防腐胶泥面层	1）防腐部位 2）面层厚度 3）胶泥种类、配合比			1）基层清理 2）胶泥调制、摊铺
011002004	玻璃钢防腐面层	1）防腐部位 2）玻璃钢种类 3）贴布材料的种类、层数 4）面层材料品种			1）基层清理 2）刷底漆、刮腻子 3）胶浆配制、涂刷 4）粘布、涂刷面层

（续）

项目编码	项目名称	项目特征	计量单位	工程量计算规则	工程内容
011002005	聚氯乙烯板面层	1）防腐部位 2）面层材料品种、厚度 3）黏结材料种类	m²	按设计图示尺寸以面积计算 1）平面防腐：扣除凸出地面的构筑物、设备基础等以及面积＞0.3m²的孔洞、柱、垛等所占面积，门洞、空圈、暖气包槽、壁龛的开口部分不增加面积 2）立面防腐：扣除门、窗、洞口以及面积＞0.3m²的孔洞、梁所占面积，门、窗、洞口侧壁、垛凸出部分按展开面积并入墙面积内	1）基层清理 2）配料、涂胶 3）聚氯乙烯板铺设
011002006	块料防腐面层	1）防腐部位 2）块料品种、规格 3）黏结材料种类 4）勾缝材料种类			1）基层清理 2）铺贴块料 3）胶泥调制、勾缝
011002007	池、槽块料防腐面层	1）防腐池、槽名称、代号 2）块料品种、规格 3）黏结材料种类 4）勾缝材料种类		按设计图示尺寸以展开面积计算	1）基层清理 2）铺贴块料 3）胶泥调制、勾缝

注：防腐踢脚线，应按《房屋建筑与装饰工程工程量计算规范》（GB 50854—2013）中楼地面装饰工程"踢脚线"项目编码列项。

（3）其他防腐（编码：011003）工程量清单项目设置及工程量计算规则见表6-53。

表6-53　其他防腐（编码：011003）

项目编码	项目名称	项目特征	计量单位	工程量计算规则	工程内容
011003001	隔离层	1）隔离层部位 2）隔离层材料品种 3）隔离层做法 4）粘贴材料种类	m³	按设计图示尺寸以面积计算 1）平面防腐：扣除凸出地面的构筑物、设备基础等以及面积＞0.3m²的孔洞、柱、垛等所占面积，门洞、空圈、暖气包槽、壁龛的开口部分不增加面积 2）立面防腐：扣除门、窗、洞口以及面积＞0.3m²的孔洞、梁所占面积，门、窗、洞口侧壁、垛凸出部分按展开面积并入墙面积内	1）基层清理、刷油 2）煮沥青 3）胶泥调制 4）隔离层铺设
011003002	砌筑沥青浸渍砖	1）砌筑部位 2）浸渍砖规格 3）胶泥种类 4）浸渍砖砌法		按设计图示尺寸以体积计算	1）基层清理 2）胶泥调制 3）浸渍砖铺砌
011003003	防腐涂料	1）涂刷部位 2）基层材料类型 3）刮腻子的种类、遍数 4）涂料品种、刷涂遍数	m²	按设计图示尺寸以面积计算 1）平面防腐：扣除凸出地面的构筑物、设备基础等以及面积＞0.3m²的孔洞、柱、垛等所占面积，门洞、空圈、暖气包槽、壁龛的开口部分不增加面积 2）立面防腐：扣除门、窗、洞口以及面积＞0.3m²的孔洞、梁所占面积，门、窗、洞口侧壁、垛凸出部分按展开面积并入墙面积内	1）基层清理 2）刮腻子 3）刷涂料

注：浸渍砖砌法指平砌、立砌。

二、工程量计算实例

【例6-9】某冷库工程外墙厚240mm，室内（包括柱子）均用石油沥青粘贴100mm厚的聚苯乙烯泡沫塑料板，尺寸如图6-46所示，保温门为900mm×1800mm，先铺顶棚、地面，后铺墙面、柱面，保温门居内安装，洞口周围不需另铺保温材料，计算保温隔热顶棚、墙面、柱面、地面工程量。

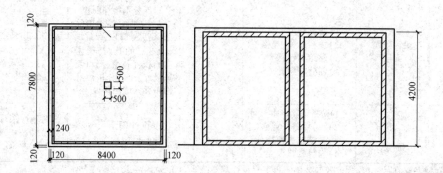

图6-46 某冷库工程示意图

【错误答案】

解：（1）定额工程量：

1）地面隔热层工程量 $= (8.4 - 0.24) \times (7.8 - 0.24) \times 0.1 = 6.17(\mathrm{m}^3)$

2）墙面工程 $= [(8.4 - 0.24 - 0.1 + 7.8 - 0.24 - 0.1) \times 2 \times (4.2 - 0.1 \times 2) - 0.9 \times 1.8] \times 0.1$
$= 12.25(\mathrm{m}^3)$

3）柱面隔热工程量 $= (0.5 \times 4 + 4 \times 0.1) \times (4.2 - 0.1 \times 2) = 9.6(\mathrm{m}^3)$

4）顶棚保温工程量 $= (8.4 - 0.24) \times (7.8 - 0.24) = 61.7(\mathrm{m}^3)$

（2）清单工程量：

1）地面隔热层工程量 $= (8.4 - 0.24) \times (7.8 - 0.24) \times 0.1 = 6.17(\mathrm{m}^3)$

2）墙面工程量 $= (8.4 - 0.24 - 0.1 + 7.8 - 0.24 - 0.1) \times 2 \times (4.2 - 0.1 \times 2) - 0.9 \times 1.8$
$= 122.54(\mathrm{m}^2)$

3）柱面隔热工程量 $= (0.5 \times 4 + 4 \times 0.1) \times (4.2 - 0.1 \times 2) \times 0.1 = 0.96(\mathrm{m}^3)$

4）顶棚保温工程量 $= (8.4 - 0.24) \times (7.8 - 0.24) \times 0.1 = 6.17(\mathrm{m}^3)$

解析：本题主要考核的是保温隔热顶棚、墙面、柱面、地面的工程量。由错误答案给出的解答中可看出，解答思路混淆了定额工程量的计算规则和清单工程量计算规则。熟悉这两种工程量计算规则这道题就容易了。

【正确答案】

解：（1）定额工程量：

1）地面隔热层工程量 $= (8.4 - 0.24) \times (7.8 - 0.24) \times 0.1 = 6.17(\mathrm{m}^3)$

2）墙面工程 $= [(8.4 - 0.24 - 0.1 + 7.80 - 0.24 - 0.1) \times 2 \times (4.2 - 0.1 \times 2) - 0.9 \times 1.8] \times 0.1 = 12.25(\mathrm{m}^3)$

3）柱面隔热工程量 $= (0.5 \times 4 + 4 \times 0.1) \times (4.2 - 0.1 \times 2) \times 0.1 = 0.96(\mathrm{m}^3)$

4）顶棚保温工程量 $= (8.4 - 0.24) \times (7.8 - 0.24) \times 0.1 = 6.17(\mathrm{m^3})$

（2）清单工程量：

1）地面隔热层工程量 $= (8.4 - 0.24) \times (7.8 - 0.24) = 61.7(\mathrm{m^2})$

2）墙面工程量 $= (8.4 - 0.24 - 0.1 + 7.8 - 0.24 - 0.1) \times 2 \times (4.2 - 0.1 \times 2) - 0.9 \times 1.8 = 122.54(\mathrm{m^2})$

3）柱面隔热工程量 $= (0.5 \times 4 + 4 \times 0.1) \times (4.2 - 0.1 \times 2) = 9.6(\mathrm{m^2})$

4）顶棚保温工程量 $= (8.4 - 0.24) \times (7.8 - 0.24) = 61.7(\mathrm{m^2})$

第十一节　措施项目工程量的计算

一、工程量计算规则

1. 模板工程基础定额的工程量计算规则

（1）现浇混凝土及钢筋混凝土模板。

1）现浇混凝土及钢筋混凝土模板工程量，除另有规定者外，均应区别模板的不同材质，按混凝土与模板的接触面积，以平方米计算。

2）现浇钢筋混凝土柱、梁、板、墙的支模高度（即室外地坪至板底或板至板底之间的高度）3.6m 以内为准，超过 3.6m 以上部分，另按超过部分计算增加支撑工程量。

3）现浇钢筋混凝土墙、板上单个面积在 0.3m² 以内的孔洞，不予扣除，洞侧壁模板亦不增加；单个面积在 0.3m² 以外时，应予扣除，洞侧壁模板面积并入墙、板模板工程量之内计算。

4）现浇钢筋混凝土框架分别按梁、板、柱、墙有关规定计算，附墙柱并入墙内计算。

5）杯形基础杯口高度大于杯口大边长度的，套高杯基础定额项目。

6）柱与梁、柱与墙、梁与梁等连接的重叠部分以及伸入墙内的梁头、板头部分，均不计算模板面积。

7）构造柱外露面均应按图示外露部分计算模板面积。构造柱与墙接触面不计算模板面积。

8）现浇钢筋混凝土悬挑板（雨篷、阳台）按图示外挑部分尺寸的水平投影面积计算。挑出墙外的牛腿梁及板边模板不另计算。

9）现浇钢筋混凝土楼梯，以图示露明面尺寸的水平投影面积计算，不扣除宽度小于 500mm 楼梯井所占面积。楼梯的踏步、踏步板、平台梁等侧面模板，不另计算。

10）混凝土台阶不包括梯带，按图示台阶尺寸的水平投影面积计算，台阶端头两侧不另算模板面积。

11）现浇混凝土小型池槽按构件外围体积计算，池槽内、外侧及底部的模板不应另计算。

（2）预制钢筋混凝土构件模板工程量计算。

1）预制钢筋混凝土构件模板工程量，除另有规定者外均按混凝土实体体积以立方米计算。

2）小型池槽按外形体积以立方米计算。

3）预制桩尖按虚体积（不扣除桩尖虚体积部分）计算。

（3）构筑物钢筋混凝土模板工程量计算。

1）构筑物工程的模板工程量，除另有规定者外，区别现浇、预制和构件类别，分别按现浇、预制混凝土和钢筋混凝土模板工程量计算规定中的有关规定计算。

2）大型池槽等分别按基础、墙、板、梁、柱等有关规定计算，套相应定额项目。

3）液压滑升钢模板施工的烟囱、水塔塔身、储仓等，均按混凝土体积，以立方米计算。

4）预制倒圆锥形水塔罐壳模板按混凝土体积，以立方米计算。预制倒圆锥形水塔罐壳组装、提升、就位，按不同容积以座计算。

2. 脚手架工程工程量计算规则

在编制工程造价时，脚手架工程分为以建筑面积为计算基数的综合脚手架和按垂直（水平）投影面积、长度等计算的单项脚手架等两大类。

凡能按"建筑面积计算规则"计算建筑面积的建筑工程，均按综合脚手架定额计算；凡不能按"建筑面积计算规则"计算建筑面积，施工时又必须搭设脚手架时，按单项脚手架计算其费用。

（1）综合脚手架。

1）综合脚手架工程量计算：综合脚手架工程量，按建筑物的总建筑面积以平方米计算。

2）综合脚手架定额相关规定：综合脚手架定额中已综合考虑了砌筑、浇筑、吊装、抹灰、油漆涂料等各种因素。

（2）单项脚手架：单项脚手架包括里脚手架、外脚手架、悬空脚手架、挑脚手架、满堂脚手架、水平防护架、垂直防护架及建筑物的垂直封闭架网。

1）单项脚手架适用范围。

① 适用于不能计算建筑面积而必须搭设脚手架或专业分包工程所搭设的脚手架。

② 预制混凝土构件及金属构件安装工程中所需搭设的临时脚手架。

2）单项脚手架工程量计算。

① 单项脚手架定额工程量计算的一般规则。

a. 建筑物外墙砌筑脚手架，凡设计室外地坪至檐口（或女儿墙上表面）的砌筑高度在15m以下的按单排脚手架计算；砌筑高度在15m以上的或砌筑高度虽不足15m，但外墙门窗及装饰面积超过外墙表面积60%以上时，均按双排脚手架计算。采用竹制脚手架时，按双排计算。

b. 建筑物内墙砌筑脚手架，凡设计室内地坪至顶板下表面（或山墙高度的1/2处）的砌筑高度在3.6m以下的，按里脚手架计算，砌筑高度在3.6m以上的，按单排脚手架计算。

c. 石砌墙体，凡砌筑高度超过1.0m时，按外脚手架计算。

d. 计算内、外墙脚手架时，均不扣除门窗洞口、空圈洞口等所占面积。同一建筑物高度不同时，应按不同高度分别计算。

e. 现浇钢筋混凝土框架柱、梁按双排脚手架计算。

f. 围墙脚手架，凡室外自然地坪至围墙顶面的砌筑高度在3.6m以下的，按里脚手架计算；砌筑高度超过3.6m时，按单排脚手架计算。

g. 室内顶棚装饰面距设计室内地坪在3.6m以上时，应计算满堂脚手架，计算满堂脚手架后，墙面装饰工程则不再计算脚手架。

h. 滑升模板施工的钢筋混凝土烟囱、筒仓，不另计算脚手架。砌筑储仓，按双排外脚手架计算。

i. 储水（油）池，大型设备基础，凡距地坪高度超过1.2m的，均按双排脚手架计算。

j. 整体满堂钢筋混凝土基础，凡其宽度超过3m时，按其底板面积计算满堂脚手架。

② 砌筑脚手架工程量计算。

a. 外脚手架按外墙外边线长度乘以外墙砌筑高度，以平方米计算，凸出墙外宽度在24cm内的墙垛、附墙烟囱等不计算脚手架；宽度超过24cm时按图示尺寸展开计算，并入脚手架工程量之内。

b. 里脚手架按墙面垂直投影面积计算。

c. 独立砖柱按图示柱结构外围周长另加3.6m，乘以柱高，以平方米计算，套相应外脚手架定额。

③ 现浇钢筋混凝土框架脚手架工程量计算。

a. 现浇钢筋混凝土柱，按柱图示周长尺寸另加3.6m，乘以柱高以平方米计算，套相应外脚手架定额。

b. 现浇钢筋混凝土墙、梁，按设计室外地坪或楼板上表面至楼板底之间的高度乘以梁、墙净长以平方米计算，套用相应双排外脚手架定额。

④ 装饰工程脚手架工程量计算。

a. 满堂脚手架，按室内净面积计算，其高度在3.6~5.2m之间时，计算基本层，超过5.2m时，每增加1.2m按增加一层计算，不足0.6m的不计。满堂脚手架增加层按下式计算

$$满堂脚手架增加层 = \frac{室内净高 - 5.2}{1.2}$$

b. 挑脚手架，按搭设长度和层数，以延长米计算。

c. 悬空脚手架，按搭设水平投影面积以平方米计算。

d. 高度超过3.6m墙面装饰不能利用原砌筑脚手架时，可以计算装饰脚手架。装饰脚手架按双排脚手架乘以0.3计算。

⑤ 其他脚手架工程量计算。

a. 水平防护架，按实际铺板的水平投影面积，以平方米计算。

b. 垂直防护架，按自然地坪至最上一层横杆之间的搭设高度，乘以实际搭设长度，以平方米计算。

c. 架空运输脚手架，按搭设长度以延长米计算。

d. 烟囱、水塔脚手架，区别不同搭设高度，以座计算。

e. 电梯井脚手架，按单孔以座计算。

f. 斜道按不同高度以座计算。

g. 砌筑储仓脚手架，不分单筒或储仓组均按单筒外边线周长乘以设计室外地坪至储仓上口之间高度，以平方米计算。

h. 储水（油）池脚手架，按其外形周长乘以地坪至外形顶面边线之间高度，以平方米计算。

i. 大型设备基础脚手架，按其外形周长乘以地坪至外形顶面边线之间高度，以平方米计算。

j. 建筑物垂直封闭工程量按封闭面的垂直投影面积计算。

⑥ 安全网工程量计算。

a. 立挂式安全网按架网部分的实挂长度乘以实挂高度计算。

b. 挑出式安全网按挑出的水平投影面积计算。

3. 清单计价工程量计算规则

（1）一般措施项目（011701）工程量清单项目设置内容及包含范围应按表6-54的规定执行。

（2）脚手架（编码011702）工程量清单项目设置及工程量计算规则，见表6-55。

（3）混凝土模板及支架（撑）（编码011703）工程量清单项目设置及工程量计算规则见表6-56。

表6-54　一般措施项目（011701）

011701001	安全文明施工（含环境保护、文明施工、安全施工、临时设施）	1）环境保护包含范围：现场施工机械设备降低噪声、防扰民措施费用；水泥和其他易飞扬细颗粒建筑材料密闭存放或采取覆盖措施等费用；工程防扬尘洒水费用；土石方、建渣外运车辆冲洗、防洒漏等费用；现场污染源的控制、生活垃圾清理外运、场地排水排污措施的费用；其他环境保护措施费用 2）文明施工包含范围"五牌一图"的费用；现场围挡的墙面美化（包括内外粉刷、刷白、标语等）、压顶装饰费用；现场厕所便槽刷白、贴面砖，水泥砂浆地面或地砖费用，建筑物内临时便溺设施费用；其他施工现场临时设施的装饰装修、美化措施费用；现场生活卫生设施费用；符合卫生要求的饮水设备、淋浴、消毒等设施费用；生活用洁净燃料费用；防煤气中毒、防蚊虫叮咬等措施费用；施工现场操作场地的硬化费用；现场绿化费用、治安综合治理费用；现场配备医药保健器材、物品费用和急救人员培训费用；用于现场工人的防暑降温费、电风扇、空调等设备及用电费用；其他文明施工措施费用 3）安全施工包含范围：安全资料、特殊作业专项方案的编制，安全施工标志的购置及安全宣传的费用；"三宝"（安全帽、安全带、安全网）、"四口"（楼梯口、电梯井口、通道口、预留洞口）、"五临边"（阳台围边、楼板围边、屋面围边、槽坑围边、卸料平台两侧）、水平防护架、垂直防护架、外架封闭等防护的费用；施工安全用电的费用，包括配电箱三级配电、两级保护装置要求、外电防护措施；起重机、塔式起重机等起重设备（含井架、门架）及外用电梯的安全防护措施（含警示标志）费用及卸料平台的临边防护、层间安全门、防护棚等设施费用；建筑工地起重机械的检验检测费用；施工机具防护棚及其围栏的安全保护设施费用；施工安全防护通道的费用；工人的安全防护用品、用具购置费用；消防设施与消防器材的配置费用；电气保护、安全照明设施费；其他安全防护措施费用 4）临时设施包含范围：施工现场采用彩色、定型钢板，砖、混凝土砌块等围挡的安砌、维修、拆除费或摊销费；施工现场临时建筑物、构筑物的搭设、维修、拆除或摊销的费用；如临时宿舍、办公室、食堂、厨房、厕所、诊疗所、临时文化福利用房、临时仓库、加工场、搅拌台、临时简易水塔、水池等。施工现场临时设施的搭设、维修、拆除或摊销的费用。如临时供水管道、临时供电管线、小型临时设施等；施工现场规定范围内临时简易道路铺设，临时排水沟、排水设施安砌、维修、拆除的费用；其他临时设施费搭设、维修、拆除或摊销的费用
011701002	夜间施工	1）夜间固定照明灯具和临时可移动照明灯具的设置、拆除 2）夜间施工时，施工现场交通标志、安全标牌、警示灯等的设置、移动、拆除 3）包括夜间照明设备摊销及照明用电、施工人员夜班补助、夜间施工劳动效率降低等费用
011701003	非夜间施工照明	为保证工程施工正常进行，在如地下室等特殊施工部位施工时所采用的照明设备的安拆、维护、摊销及照明用电等费用
011701004	二次搬运	包括由于施工场地条件限制而发生的材料、成品、半成品等一次运输不能到达堆放地点，必须进行二次或多次搬运的费用
011701005	冬、雨期施工	1）冬雨（风）期施工时增加的临时设施（防寒保温、防雨、防风设施）的搭设、拆除 2）冬雨（风）期施工时，对砌体、混凝土等采用的特殊加温、保温和养护措施 3）冬雨（风）期施工时，施工现场的防滑处理、对影响施工的雨雪的清除 4）包括冬雨（风）期施工时增加的临时设施的摊销、施工人员的劳动保护用品、冬雨（风）期施工劳动效率降低等费用

（续）

011701006	大型机械设备进出场及安拆	1）大型机械设备进出场包括施工机械整体或分体自停放场地运至施工现场，或自一个施工地点运至另一个施工地点，所发生的施工机械进出场运输及转移费用，由机械设备的装卸、运输及辅助材料费等构成 2）大型机械设备安拆费包括施工机械在施工现场进行安装、拆卸所需的人工费、材料费、机械费、试运转费和安装所需的辅助设施的费用
011701007	施工排水	包括排水沟槽开挖、砌筑、维修，排水管道的铺设、维修，排水的费用以及专人值守的费用等
011701008	施工降水	包括成井、井管安装、排水管道安拆及摊销，降水设备的安拆及维护的费用，抽水的费用以及专人值守的费用等
011701009	地上、地下设施、建筑物的临时保护设施	在工程施工过程中，对已建成的地上、地下设施和建筑物进行的遮盖、封闭、隔离等必要保护措施所发生的费用
011701010	已完工程及设备保护	对已完工程及设备采取的覆盖、包裹、封闭、隔离等必要保护措施所发生的费用

注：1. 安全文明施工费是指工程施工期间按照国家现行的环境保护、建筑施工安全、施工现场环境与卫生标准和有关规定，购置和更新施工安全防护用具及设施、改善安全生产条件和作业环境所需要的费用。
　　2. 施工排水是指为保证工程在正常条件下施工，所采取的排水措施所发生的费用。
　　3. 施工降水是指为保证工程在正常条件下施工，所采取的降低地下水位的措施所发生的费用。

表 6-55　脚手架（编码 011702）

项目编码	项目名称	项目特征	计量单位	工程量计算规则	工作内容
011702001	综合脚手架	1）建筑结构形式 2）檐口高度	m²	按建筑面积计算	1）场内、场外材料搬运 2）搭、拆脚手架、斜道、上料平台 3）安全网的铺设 4）选择附墙点与主体连接 5）测试电动装置、安全锁等
011702002	外脚手架	1）搭设方式 2）搭设高度 3）脚手架材质	m²	按所服务对象的垂直投影面积计算	1）场内、场外材料搬运 2）搭、拆脚手架、斜道、上料平台 3）安全网的铺设 4）拆除脚手架后材料的堆放
011702003	里脚手架				
011702004	悬空脚手架	1）搭设方式 2）悬挑宽度 3）脚手架材质		按搭设的水平投影面积计算	
011702005	挑脚手架		m	按搭设长度乘以搭设层数以延长米计算	
011702006	满堂脚手架	1）搭设方式 2）搭设高度 3）脚手架材质	m²	按搭设的水平投影面积计算	

（续）

项目编码	项目名称	项目特征	计量单位	工程量计算规则	工作内容
011702007	整体提升架	1）搭设方式及启动装置 2）搭设高度	m²	按所服务对象的垂直投影面积计算	1）场内、场外材料搬运 2）选择附墙点与主体连接 3）搭、拆脚手架、斜道、上料平台 4）安全网的铺设 5）测试电动装置、安全锁等 6）拆除脚手架后材料的堆放
011702008	外装饰吊篮	1）升降方式及启动装置 2）搭设高度及吊篮型号	m²	按所服务对象的垂直投影面积计算	1）场内、场外材料搬运 2）吊篮的安装 3）测试电动装置、安全锁、平衡控制器等 4）吊篮的拆卸

注：1. 使用综合脚手架时，不再使用外脚手架、里脚手架等单项脚手架；综合脚手架适用于能够按"建筑面积计算规则"计算建筑面积的建筑工程脚手架，不适用于房屋加层、构筑物及附属工程脚手架。

2. 同一建筑物有不同檐高时，根据建筑物竖向切面分别按不同檐高编列清单项目。

3. 整体提升架已包括2m高的防护架体设施。

4. 建筑面积计算按《建筑工程建筑面积计算规范》（GB/T 50353—2013）。

5. 脚手架材质可以不描述，但应注明由投标人根据工程实际情况按照《建筑施工扣件式钢管脚手架安全技术规范》和《建筑施工附着升降脚手架管理规定》等规范自行确定。

表 6-56　混凝土模板及支架（撑）（编码 011703）

项目编码	项目名称	项目特征	计量单位	工程量计算规则	工作内容
011703001	垫层			按模板与现浇混凝土构件的接触面积计算 1）现浇钢筋混凝土墙、板单孔面积≤0.3m²的孔洞不予扣除，洞侧壁模板亦不增加；单孔面积＞0.3m²时应予扣除，洞侧壁模板面积并入墙、板工程量内计算 2）现浇框架分别按梁、板、柱有关规定计算；附墙柱、暗梁、暗柱并入墙内工程量内计算 3）柱、梁、墙、板相互连接的重叠部分，均不计算模板面积 4）构造柱按图示外露部分计算模板面积	1）模板制作 2）模板安装、拆除、整理堆放及场内外运输 3）清理模板黏结物及模内杂物、刷隔离剂等
011703002	带形基础	基础形状			
011703003	独立基础				
011703004	满堂基础				
011703005	设备基础				
011703006	桩承台基础		m²		
011703007	矩形柱	柱截面尺寸			
011703008	构造柱				
011703009	异形柱	柱截面形状、尺寸			
011703010	基础梁				
011703011	矩形梁				
011703012	异形梁	梁截面			
011703013	圈梁				
011703014	过梁				
011703015	弧形、拱形梁				

（续）

项目编码	项目名称	项目特征	计量单位	工程量计算规则	工作内容
011703016	直行墙	墙厚度	m²	按模板与现浇混凝土构件的接触面积计算 1）现浇钢筋混凝土墙、板单孔面积≤0.3m² 的孔洞不予扣除，洞侧壁模板亦不增加；单孔面积>0.3m² 时应予扣除，洞侧壁模板面积并入墙、板工程量内计算 2）现浇框架分别按梁、板、柱有关规定计算；附墙柱、暗梁、暗柱并入墙内工程量内计算 3）柱、梁、墙、板相互连接的重叠部分，均不计算模板面积 4）构造柱按图示外露部分计算模板面积	1）模板制作 2）模板安装、拆除、整理堆放及场内外运输 3）清理模板黏结物及模内杂物、刷隔离剂等
011703017	弧形墙				
011703018	短肢剪力墙、电梯井壁				
011703019	有梁板	板厚度			
011703020	无梁板				
011703021	平板				
011703022	拱板				
011703023	薄壳板				
011703024	栏板				
011703025	其他板				
011703026	天沟、檐沟	构件类型		按模板与现浇混凝土构件的接触面积计算	
011703027	雨篷、悬挑板、阳台板	1）构件类型 2）板厚度		按图示外挑部分尺寸的水平投影面积计算，挑出墙外的悬臂梁及板边不另计算	
011703028	直形楼梯	形状		按楼梯（包括休息平台、平台梁、斜梁和楼层板的连接梁）的水平投影面积计算，不扣除宽度≤500mm 的楼梯井所占面积，楼梯踏步、踏步板、平台梁等侧面模板不另计算，伸入墙内部分亦不增加	
011703029	弧形楼梯				
011703030	其他现浇构件	构件类型		按模板与现浇混凝土构件的接触面积计算	
011703031	电缆沟、地沟	1）沟类型 2）沟截面		按模板与电缆沟、地沟接触的面积计算	
011703032	台阶	形状		按图示台阶水平投影面积计算，台阶端头两侧不另计算模板面积。架空式混凝土台阶，按现浇楼梯计算	
011703033	扶手	扶手断面尺寸		按模板与扶手的接触面积计算	
011703034	散水	坡度		按模板与散水的接触面积计算	
011703035	后浇带	后浇带部位		按模板与后浇带的接触面积计算	

（续）

项目编码	项目名称	项目特征	计量单位	工程量计算规则	工作内容
011703036	化粪池底	化粪池规格	m^2	按模板与混凝土接触面积	1）模板制作 2）模板安装、拆除、整理堆放及场内外运输 3）清理模板黏结物及模内杂物、刷隔离剂等
011703037	化粪池壁				
011703038	化粪池顶				
011703039	检查井底	检查井规格			
011703040	检查井壁				
011703041	检查井顶				

注：1. 原槽浇筑的混凝土基础、垫层，不计算模板。
　　2. 此混凝土模板及支撑（架）项目，只适用于以平方米计量，按模板与混凝土构件的接触面积计算，以立方米计量，模板及支撑（支架）不再单列，按混凝土及钢筋混凝土实体项目执行，综合单价中应包含模板及支架。
　　3. 采用清水模板时，应在特征中注明。

二、工程量计算实例

【例6-10】如图6-47所示，计算其基础模板的工程量。

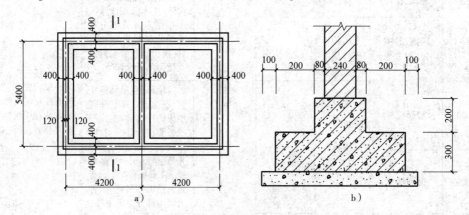

图6-47　基础平面及剖面图
a）基础平面图　b）1-1剖面图

【错误答案】

解：（1）定额工程量：

外墙基础下阶模板工程量 $= (4.2 \times 2 + 0.4 \times 2) \times 2 \times 0.3 + (5.4 + 0.4 \times 2) \times 2 \times 0.3 + (4.2 - 0.4 \times 2) \times 4 \times 0.3 + (5.4 - 0.4 \times 2) \times 2 \times 0.3$
$= 16.08 (m^2)$

外墙基础上阶模板工程量 $= (4.2 \times 2 + 0.2 \times 2) \times 2 \times 0.2 + (5.4 + 0.2 \times 2) \times 2 \times 0.2 + (4.2 - 0.2 \times 2) \times 4 \times 0.2 + (5.4 - 0.2 \times 2) \times 2 \times 0.2$
$= 10.88 (m^2)$

内墙基础下阶模板工程量 $= (5.4 - 0.2 \times 2) \times 2 \times 0.3 = 3 (m^2)$

内墙基础上阶模板工程量 $= (5.4 - 0.4 \times 2) \times 2 \times 0.2 = 5.08 (m^2)$

基础模板工程量 $= 16.08 + 10.88 + 3 + 5.08 = 35.04 (m^2)$

（2）清单工程量：同定额工程量。

解析：本题主要考核的是基础模板的工程量。根据错误答案给出的解答可看出，对基础平面图和剖面图的构造有误解，容易将内墙基础下阶模板和内墙基础上阶模板分不清，于是导致以上错误解答。

【正确答案】

解：（1）定额工程量：

外墙基础下阶模板工程量 $= (4.2 \times 2 + 0.4 \times 2) \times 2 \times 0.3 + (5.4 + 0.4 \times 2) \times 2 \times 0.3 + (4.2 - 0.4 \times 2) \times 4 \times 0.3 + (5.4 - 0.4 \times 2) \times 2 \times 0.3 = 16.08 (\text{m}^2)$

外墙基础上阶模板工程量 $= (4.2 \times 2 + 0.2 \times 2) \times 2 \times 0.2 + (5.4 + 0.2 \times 2) \times 2 \times 0.2 + (4.2 - 0.2 \times 2) \times 4 \times 0.2 + (5.4 - 0.2 \times 2) \times 2 \times 0.2 = 10.88 (\text{m}^2)$

内墙基础下阶模板工程量 $= (5.4 - 0.4 \times 2) \times 2 \times 0.3 = 2.76 (\text{m}^2)$

内墙基础上阶模板工程量 $= (5.4 - 0.2 \times 2) \times 2 \times 0.2 = 2 (\text{m}^2)$

基础模板工程量 $= 16.08 + 10.88 + 2.76 + 2 = 31.72 (\text{m}^2)$

（2）清单工程量：同定额工程量。

第七章　建筑工程定额计价

第一节　建筑工程定额概述

一、建筑工程定额的概念

建筑工程定额是指在正常的施工生产条件下，用科学方法制定出的生产质量合格的单位建筑产品所需要消耗的劳动力、材料和机械台班等的数量标准。

二、建筑工程定额的特点

建筑工程定额的特点，主要表现在多个方面，如图 7-1 所示。

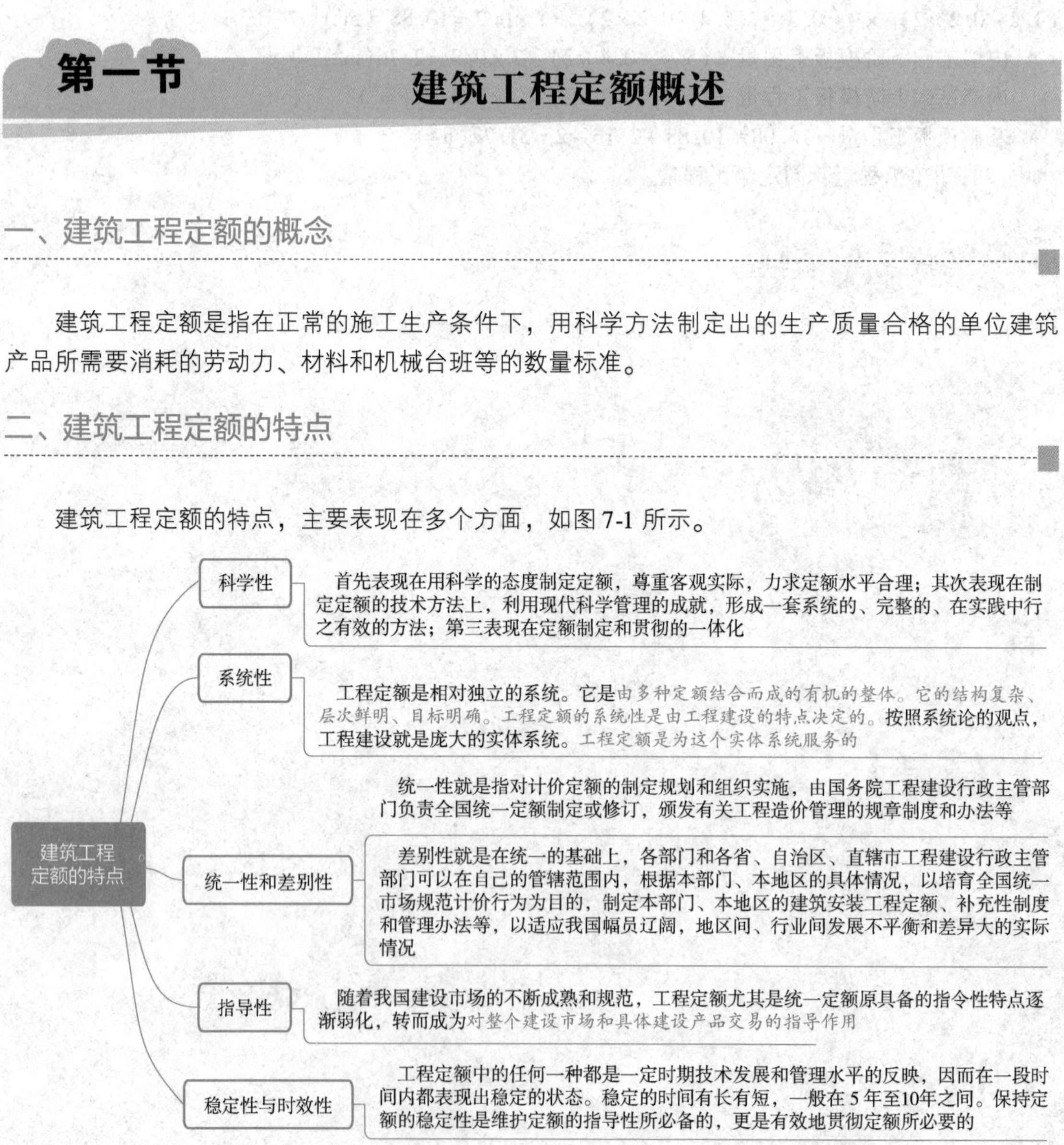

建筑工程定额的特点	科学性	首先表现在用科学的态度制定定额，尊重客观实际，力求定额水平合理；其次表现在制定定额的技术方法上，利用现代科学管理的成就，形成一套系统的、完整的、在实践中行之有效的方法；第三表现在定额制定和贯彻的一体化
	系统性	工程定额是相对独立的系统。它是由多种定额结合而成的有机的整体。它的结构复杂、层次鲜明、目标明确。工程定额的系统性是由工程建设的特点决定的。按照系统论的观点，工程建设就是庞大的实体系统。工程定额是为这个实体系统服务的
	统一性和差别性	统一性就是指对计价定额的制定规划和组织实施，由国务院工程建设行政主管部门负责全国统一定额制定或修订，颁发有关工程造价管理的规章制度和办法等
		差别性就是在统一的基础上，各部门和各省、自治区、直辖市工程建设行政主管部门可以在自己的管辖范围内，根据本部门、本地区的具体情况，以培育全国统一市场规范计价行为为目的，制定本部门、本地区的建筑安装工程定额、补充性制度和管理办法等，以适应我国幅员辽阔，地区间、行业间发展不平衡和差异大的实际情况
	指导性	随着我国建设市场的不断成熟和规范，工程定额尤其是统一定额原具备的指令性特点逐渐弱化，转而成为对整个建设市场和具体建设产品交易的指导作用
	稳定性与时效性	工程定额中的任何一种都是一定时期技术发展和管理水平的反映，因而在一段时间内都表现出稳定的状态。稳定的时间有长有短，一般在 5 年至 10 年之间。保持定额的稳定性是维护定额的指导性所必备的，更是有效地贯彻定额所必要的

图 7-1　建筑工程定额的特点

三、建筑工程定额的分类

1. 按生产要素分类

按生产要素建筑工程定额的分类如图 7-2 所示。

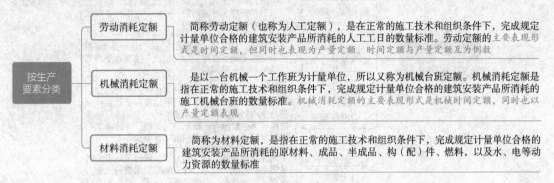

图 7-2 按生产要素分类

2. 按用途分类

按用途建筑工程定额的分类如图 7-3 所示。

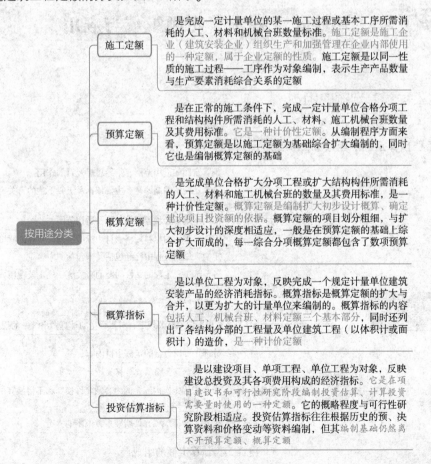

图 7-3 按用途分类

3. 按主编单位和管理权限分类

按主编单位和管理权限建筑工程定额的分类如图7-4所示。

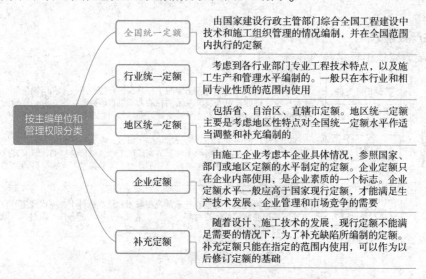

图 7-4 按主编单位和管理权限分类

第二节 建筑工程预算定额组成与应用

一、建筑工程预算定额的组成

建筑工程预算定额的组成如图7-5所示。

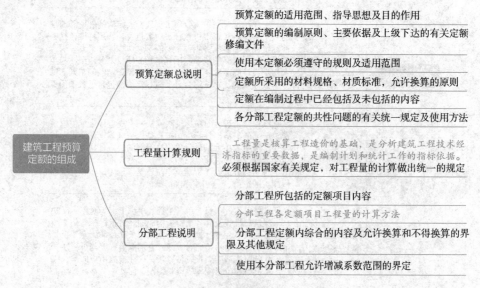

图 7-5 建筑工程预算定额的组成

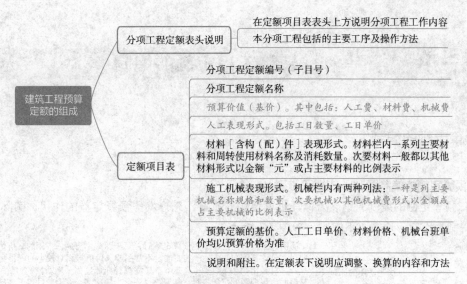

图 7-5　建筑工程预算定额的组成（续）

二、建筑工程预算定额的应用

1. 定额直接套用

（1）在实际施工内容与定额内容完全一致的情况下，定额可以直接套用。

（2）套用预算定额的注意事项，如图 7-6 所示。

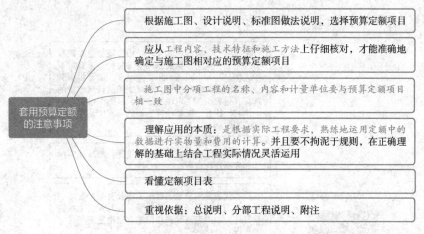

图 7-6　套用预算定额的注意事项

2. 定额的换算

在实际施工内容与定额内容不完全一致的情况下，并且定额规定必须进行调整时需看清楚说明及备注，定额必须换算，使换算以后的内容与实际施工内容完全一致。在子目定额编号的尾部加一"换"字。

换算后的定额基价＝原定额基价＋调整费用（换入的费用－换出的费用）或＝原定额基价＋调整费用（增加的费用－扣除的费用）

3. 换算的类型

价差换算、量差换算、量价差混合换算、乘系数等其他换算。

第三节   建筑工程定额的编制

一、预算定额的编制

1. 预算定额的编制原则、依据和步骤

（1）预算定额的编制原则。为保证预算定额的质量，充分发挥预算定额的作用，实际使用简便，在编制工作中应遵循以下原则，如图7-7所示。

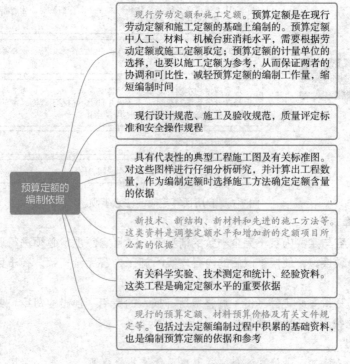

预算定额编制工作中应遵循的原则

- **简明适用的原则**：简明适用，一是指在编制预算定额时，对于那些主要的、常用的、价值量大的项目，分项工程划分宜细；次要的、不常用的、价值量相对较小的项目则可以粗一些。二是指预算定额要项目齐全。要注意补充那些因采用新技术、新结构、新材料而出现的新的定额项目。如果项目不全，缺项多，就会使计价工作缺少充足的可靠的依据。三是要求合理确定预算定额的计算单位，简化工程量的计算，尽可能地避免同一种材料用不同的计量单位和一量多用，尽量减少定额附注和换算系数

- **按社会平均水平确定预算定额的原则**：预算定额是确定和控制建筑安装工程造价的主要依据。因此，它必须遵照价值规律的客观要求，即按生产过程中所消耗的社会必要劳动时间确定定额水平。所以预算定额的平均水平，是在正常的施工条件下，合理的施工组织和工艺条件、平均劳动熟练程度和劳动强度下，完成单位分项工程基本构造要素所需的劳动时间

图7-7   预算定额编制工作中应遵循的原则

（2）预算定额的编制依据，如图7-8所示。

预算定额的编制依据

- 现行劳动定额和施工定额。预算定额是在现行劳动定额和施工定额的基础上编制的。预算定额中人工、材料、机械台班消耗水平，需要根据劳动定额或施工定额取定；预算定额的计量单位的选择，也要以施工定额为参考，从而保证两者的协调和可比性，减轻预算定额的编制工作量，缩短编制时间

- 现行设计规范、施工及验收规范，质量评定标准和安全操作规程

- 具有代表性的典型工程施工图及有关标准图。对这些图样进行仔细分析研究，并计算出工程数量，作为编制定额时选择施工方法确定定额含量的依据

- 新技术、新结构、新材料和先进的施工方法等。这类资料是调整定额水平和增加新的定额项目所必需的依据

- 有关科学实验、技术测定和统计、经验资料。这类工程是确定定额水平的重要依据

- 现行的预算定额、材料预算价格及有关文件规定等。包括过去定额编制过程中积累的基础资料，也是编制预算定额的依据和参考

图7-8   预算定额的编制依据

（3）预算定额的编制程序及要求。预算定额的编制，大致可以分为准备工作、收集资料、编制定额、报批和修改定稿五个阶段。各阶段工作相互有交叉，有些工作还有多次反复。其中，预算定额编制阶段的主要工作如图7-9所示。

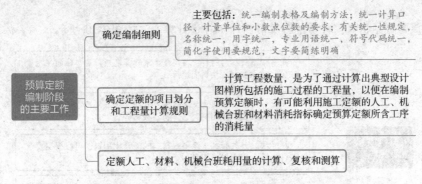

图7-9　预算定额编制阶段的主要工作

2. 预算定额消耗量的编制方法

（1）预算定额中人工工日消耗量的计算。人工的工日数分为两种确定方法。其一是以劳动定额为基础确定；其二是以现场观察测定资料为基础计算，主要用于遇到劳动定额缺项时，采用现场工作日写实等测时方法测定和计算定额的人工耗用量。

预算定额中人工工日消耗量是指在正常施工条件下，生产单位合格产品所必需消耗的人工工日数量，是由分项工程所综合的各个工序劳动定额包括的基本用工、其他用工两部分组成的。

1）基本用工。基本用工是指完成一定计量单位的分项工程或结构构件的各项工作过程的施工任务所必需消耗的技术工种用工。按技术工种相应劳动定额工时定额计算，以不同工种列出定额工日。基本用工包括：

① 完成定额计量单位的主要用工。按综合取定的工程量和相应劳动定额进行计算。计算公式如下：

$$基本用工 = \sum（综合取定的工程量 \times 劳动定额）$$

② 按劳动定额规定应增（减）计算的用工量。

2）其他用工。

① 超运距用工。超运距是指劳动定额中已包括的材料、半成品场内水平搬运距离与预算定额所考虑的现场材料、半成品堆放地点到操作地点的水平运输距离之差。计算公式如下：

$$超运距 = 预算定额取定运距 - 劳动定额已包括的运距$$

$$超运距用工 = \sum（超运距材料数量 \times 时间定额）$$

需要指出，实际工程现场运距超过预算定额取定运距时，可另行计算现场二次搬运费。

② 辅助用工。是指技术工种劳动定额内不包括而在预算定额内又必须考虑的用工。例如机械土方工程配合用工、材料加工（筛砂、洗石、淋化石膏），电焊点火用工等。计算公式如下：

$$辅助用工 = \sum（材料加工数量 \times 相应的加工劳动定额）$$

③ 人工幅度差。即预算定额与劳动定额的差额，主要是指在劳动定额中未包括而在正常施工情况下不可避免但又很难准确计量的用工和各种工时损失。内容包括：各工种间的工序搭接及交叉作业相互配合或影响所发生的停歇用工；施工机械在单位工程之间转移及临时水电线路移动所造成的停工；质量检查和隐蔽工程验收工作的影响；班组操作地点转移用工；工序交接时对前一工序不可避免的修整用工；施工中不可避免的其他零星用工。

人工幅度差计算公式如下：

人工幅度差 = (基本用工 + 辅助用工 + 超运距用工) × 人工幅度差系数

人工幅度差系数一般为 10% ~ 15%。在预算定额中，人工幅度差的用工量列入其他用工量中。

（2）预算定额中材料消耗量的计算。材料消耗量计算方法如图 7-10 所示。

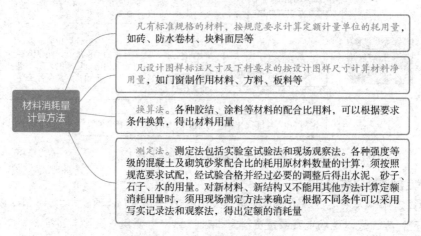

图 7-10　材料消耗量计算方法

材料损耗量是指在正常条件下不可避免的材料损耗，如现场内材料运输及施工操作过程中的损耗等。其关系式如下：

$$材料损耗率 = 损耗量/净用量 × 100\%$$

$$材料损耗量 = 材料净用量 × 损耗率(\%)$$

$$材料消耗量 = 材料净用量 + 损耗量$$

或

$$材料消耗量 = 材料净用量 × [1 + 损耗率(\%)]$$

（3）预算定额中机械台班消耗量的计算。预算定额中的机械台班消耗量是指在正常施工条件下，生产单位合格产品［分部（分项）工程或结构构件］必需消耗的某种型号施工机械的台班数量。

1）根据施工定额确定机械台班消耗量的计算。这种方法是指用施工定额中机械台班产量加机械幅度差计算预算定额的机械台班消耗量。

机械台班幅度差是指在施工定额中所规定的范围内没有包括，而在实际施工中又不可避免产生的影响机械或使机械停歇的时间。其内容如下。

① 施工机械转移工作面及配套机械相互影响损失的时间。

② 在正常施工条件下，机械在施工中不可避免的工序间歇。

③ 工程开工或收尾时工作量不饱满所损失的时间。

④ 检查工程质量影响机械操作的时间。

⑤ 临时停机、停电影响机械操作的时间。

⑥ 机械维修引起的停歇时间。

大型机械幅度差系数为：土方机械 25%，打桩机械 33%，吊装机械 30%。砂浆、混凝土搅拌机由于按小组配用，以小组产量计算机械台班产量，不另增加机械幅度差。其他分部工程中如钢筋加工、木材、水磨石等各项专用机械的幅度差为 10%。

综上所述，预算定额的机械台班消耗量按下式计算：

$$预算定额机械台班消耗量 = 施工定额机械耗用台班 \times (1 + 机械幅度差系数)$$

2）以现场测定资料为基础确定机械台班消耗量。如遇到施工定额缺项者，则需要依据单位时间完成的产量测定。

二、概算定额的编制

1. 概算定额的编制原则和编制依据

（1）概算定额编制原则。概算定额应该贯彻社会平均水平和简明适用的原则。由于概算定额和预算定额都是工程计价的依据，所以应符合价值规律和反映现阶段大多数企业的设计、生产及施工管理水平。但在概预算定额水平之间应保留必要的幅度差。概算定额的内容和深度是以预算定额为基础的综合和扩大。在合并中不得遗漏或增加项目，以保证其严密和正确性。概算定额务必做到简化、准确和适用。

（2）概算定额的编制依据。由于概算定额的使用范围不同，其编制依据也略有不同。其编制一般依据以下资料进行。

1）现行的设计规范、施工验收技术规范和各类工程预算定额。

2）具有代表性的标准设计图样和其他设计资料。

3）现行的人工工资标准、材料价格、机械台班单价及其他的价格资料。

2. 概算定额的编制步骤

概算定额的编制一般分四个阶段进行，即准备阶段、编制初稿阶段、测算阶段和审查定稿阶段。概算定额的编制步骤如图 7-11 所示。

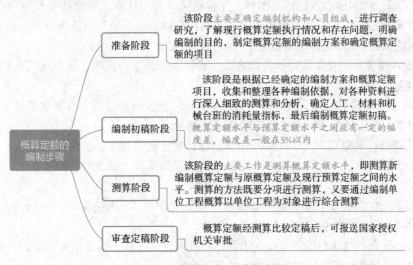

图 7-11 概算定额的编制步骤

3. 概算定额基价的编制

概算定额基价和预算定额基价一样，包括人工费、材料费和机械费。概算定额基价是通过编制扩大单位估价表所确定的单价，用于编制设计概算。概算定额基价和预算定额基价的编制方法相同。概算定额基价按下列公式计算：

$$概算定额基价 = 人工费 + 材料费 + 机械费$$

$$人工费 = 现行概算定额中人工工日消耗量 \times 人工单价$$
$$材料费 = \sum (现行概算定额中材料消耗量 \times 相应材料单价)$$
$$机械费 = \sum (现行概算定额中机械台班消耗量 \times 相应机械台班单价)$$

三、概算指标的编制

（1）概算指标的编制依据，如图7-12所示。

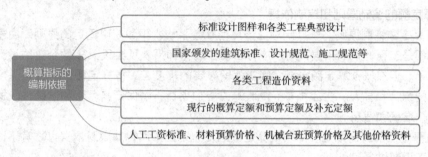

图 7-12　概算指标的编制依据

（2）概算指标的编制步骤。以房屋建筑工程为例，概算指标可按以下步骤进行编制。

1）首先成立编制小组，拟订工作方案，明确编制原则和方法，确定指标的内容及表现形式，确定基价所依据的人工工资单价、材料预算价格、机械台班单价。

2）收集整理编制指标所必需的标准设计、典型设计及有代表性的工程设计图样、设计预算等资料，充分利用有使用价值的、已经积累的工程造价资料。

3）编制阶段。此阶段主要是选定图样，并根据图样资料计算工程量和编制单位工程预算书，以及按编制方案确定的指标项目对照人工及主要材料消耗指标，填写概算指标的表格。

每平方米建筑面积造价指标编制方法有以下两个方面：

① 编写资料审查意见及填写设计资料名称、设计单位、设计日期、建筑面积及构造情况，提出审查和修改意见。

② 在计算工程量的基础上，编制单位工程预算书，据以确定每百平方米建筑面积及构造情况以及人工、材料、机械消耗指标和单位造价的经济指标。

a. 计算工程量，是根据审定的图样和预算定额计算出建筑面积及各分部（分项）工程量，然后按编制方案规定的项目进行归并，并以每平方米建筑面积为计算单位，换算出所对应的工程量指标。

b. 根据计算出的工程量和预算定额等资料，编出预算书，求出每百平方米建筑面积的预算造价及人工、材料、施工机械费用和材料消耗量指标。

构筑物是以座为单位编制概算指标，因此，在计算完工程量，编出预算书后，不必进行换算，预算书确定的价值就是每座构筑物概算指标的经济指标。

4）最后经过核对审核、平衡分析、水平测算、审查定稿等阶段。

四、投资估算指标的编制

1. 收集整理资料阶段

收集整理已建成或正在建设的、符合现行技术政策和技术发展方向、有可能重复采用的、有代表性的工程设计施工图、标准设计及相应的竣工决算或施工图预算资料等，这些资料是编制工作的基础，资料收集越广泛，反映出的问题越多，编制工作考虑越全面，就越有利于提高投资估算指标的实用性和覆盖面。同时，对调查收集到的资料要选择占投资比重大、相互关联多的项目进行认真的分析整理。由于已建成或正在建设的工程的设计意图、建设时间和地点、资料的基础等不同，相互之间的差异很大，需要去粗取精、去伪存真地加以整理，才能重复利用。将整理后的数据资料按项目划分栏目加以归类，按照编制年度的现行定额、费用标准和价格，调整成编制年度的造价水平及相互比例。

2. 平衡调整阶段

由于调查收集的资料来源不同，虽然经过一定的分析整理，但难免会由于设计方案、建设条件和建设时间上的差异带来的某些影响，使数据失准或漏项等。此外，必须对有关资料进行综合平衡调整。

3. 测算审查阶段

测算是将新编的指标和选定工程的概预算在同一价格条件下进行比较，检验其"量差"的偏离程度是否在允许偏差的范围之内，如偏差过大，则要查找原因，进行修正，以保证指标的确切、实用。测算同时也是对指标编制质量进行的一次系统检查，应由专人进行，以保持测算口径的统一，在此基础上组织有关专业人员全面审查定稿。

由于投资估算指标的编制计算工作量非常大，在现阶段计算机已经广泛普及的条件下，应尽可能应用计算机进行投资估算指标的编制工作。

第四节　企业定额

一、企业定额的概念

企业定额是指施工企业根据本企业的施工技术和管理水平，编制完成单位合格产品所需要的人工、材料和施工机械台班的消耗量，以及其他生产经营要素消耗的数量标准。

二、企业定额的编制目的和意义

企业定额的编制目的和意义如图 7-13 所示。

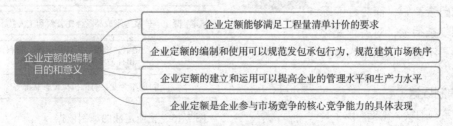

图 7-13　企业定额的编制目的和意义

三、企业定额的作用

企业定额*只能在企业内部使用*，其作用如图7-14所示。

图7-14　企业定额的作用

四、企业定额的编制

1. 编制方法

（1）现场观察测定法。我国多年来专业测定定额常用方法是现场观察测定法。它以研究工时消耗为对象，以观察测时为手段。通过密集抽样和粗放抽样等技术进行直接的时间研究，确定人工消耗和机械台班定额水平。

现场观察测定法的特点是能够把现场工时消耗情况与施工组织技术条件联系起来加以观察、测时、计量和分析，以获得该施工过程的技术组织条件和工时消耗的有技术依据的基础资料。它不仅能为制定定额提供基础数据，而且也能为改善施工组织管理，改善工艺过程和操作方法，消除不合理的工时损失和进一步挖掘生产潜力提供依据。这种方法技术简便、应用面广和资料全面，适用影响工程造价大的主要项目及新技术、新工艺、新施工方法的劳动力消耗和机械台班水平的测定。

（2）经验统计法。经验统计法是运用抽样统计的方法，从以往类似工程施工的竣工结算资料和典型设计图样资料及成本核算资料中抽取若干个项目的资料，进行分析和测算的方法。

经验统计法的特点是积累过程长、统计分析细致，使用时简单易行、方便快捷。缺点是模型中考虑的因素有限，而工程实际情况则要复杂得多，对各种变化情况的需要不能一一适应，准确性也不够。

2. 编制依据

企业定额的编制依据如图7-15所示。

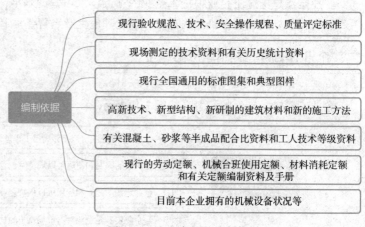

图7-15　企业定额的编制依据

第八章　建筑工程清单计价

第一节　建筑工程工程量清单及编制

一、工程量清单的概念

工程量清单，是指载明建设工程分部（分项）工程项目、措施项目、其他项目的名称和相应数量及规费、税金项目等内容的明细清单。

二、工程量清单的组成

工程量清单是招标文件的组成部分，是编制标底和投标报价的依据，是签订合同、调整工程量和办理竣工结算的基础，因此，一定要把握工程量清单的组成部分。

1. 分部（分项）工程工程量清单

分部（分项）工程是分部工程和分项工程的总称。分部工程是单位工程的组成部分，系按结构部位、路段长度及施工特点或施工任务将单位工程划分为若干分部的工程。分项工程是分部工程的组成部分，系按不同施工方法、材料、工序及路段长度等分部工程划分为若干个分项或项目的工程，例如砌筑分为干砌块料、浆砌块料、砖砌体等分项工程。

分部（分项）工程项目清单由五个部分组成，如图8-1所示。

（1）项目编码。项目编码是分部（分项）工程和措施项目清单名称的阿拉伯数字标志。分部（分项）工程工程量清单项目编码以

图 8-1　分部（分项）工程项目清单的组成

五级编码设置，用十二位阿拉伯数字表示。一、二、三、四级编码为全国统一，即一至九位应按计价规范附录的规定设置；第五级即十至十二位为清单项目编码，应根据拟建工程的工程量清单项目名称设置，不得有重号，这三位清单项目编码由招标人针对招标工程项目具体编制，并应自001起顺序编制。各级编码代表的含义如下：

第一级表示工程分类顺序码（分二位）。

第二级表示专业工程顺序码（分二位）。

第三级表示分部工程顺序码（分二位）。

第四级表示分项工程项目名称顺序码（分三位）。

第五级表示工程量清单项目名称顺序码（分三位）。

当同一标段（或合同段）的一份工程量清单中含有多个单位工程且工程量清单是以单位工程为编制对象时，在编制工程量清单时应特别注意对项目编码十至十二位的设置不得有重码的规定。

（2）项目名称。分部（分项）工程工程量清单的项目名称应按各专业工程计量规范附录的项目名称结合拟建工程的实际确定。附录表中的"项目名称"为分项工程项目名称，是形成分部（分项）工程工程量清单项目名称的基础。即在编制分部（分项）工程工程量清单时，以附录中的分项工程项目名称为基础，考虑该项目的规格、型号、材质等特征要求，结合拟建工程的实际情况，使其工程量清单项目名称具体化、细化，以反映影响工程造价的主要因素。清单项目名称应表达详细、准确，各专业工程计量规范中的分项工程项目名称如有缺陷，招标人可作补充，并报当地工程造价管理机构（省级）备案。

（3）项目特征。项目特征是构成分部（分项）工程项目、措施项目自身价值的本质特征。项目特征是对项目的准确描述，是确定一个清单项目综合单价不可缺少的重要依据，是区分清单项目的依据，是履行合同义务的基础。分部（分项）工程工程量清单的项目特征应按各专业工程计量规范附录中规定的项目特征，结合技术规范、标准图集、施工图样，按照工程结构、使用材质及规格或安装位置等，予以详细而准确地表述和说明。凡项目特征中未描述到的其他独有特征，由清单编制人视项目具体情况确定，以准确描述清单项目为准。

在各专业工程计量规范附录中还有关于各清单项目"工作内容"的描述。工作内容是指完成清单项目可能发生的具体工作和操作程序，但应注意的是，在编制分部（分项）工程工程量清单时，工作内容通常无须描述，因为在计价规范中，工程量清单项目与工程量计算规则、工作内容有一一对应关系，当采用计价规范这一标准时，工作内容均有规定。

（4）计量单位。计量单位应采用基本单位，除各专业另有特殊规定外均按以下单位计量：

1）以重量计算的项目——吨或千克（t或kg）。

2）以体积计算的项目——立方米（m^3）。

3）以面积计算的项目——平方米（m^2）。

4）以长度计算的项目——米（m）。

5）以自然计量单位计算的项目——个、套、块、樘、组、台等。

6）没有具体数量的项目——宗、项等。

各专业有特殊计量单位的，另外加以说明，当计量单位有两个或两个以上时，应根据所编工程量清单项目的特征要求，选择最适宜表现该项目特征并方便计量的单位。

计量单位的有效位数应遵守下列规定：以"t"为单位，应保留小数点后三位数字，第四位小数四舍五入；以"m""m^2""m^3""kg"为单位，应保留小数点后两位数字，第三位小数四舍五入；以"个""件""根""组""系统"等为单位，应取整数。

（5）工程数量的计算。工程数量主要通过工程量计算规则计算得到。工程量计算规则是指对清单项目工程量的计算规定。除另有说明外，所有清单项目的工程量应以实体工程量为准，并以完成后的净值计算；投标人投标报价时，应在单价中考虑施工中的各种损耗和需要增加的工程量。根据工程量清单计价与计量规范的规定，工程量计算规则可以分为房屋建筑与装饰工程、仿古建筑工程、通用安装工程、市政工程、园林绿化工程、矿山工程、构筑物工程、城市轨道交通工程、爆破工程九大类。

随着工程建设中新材料、新技术、新工艺等的不断涌现，计量规范附录所列的工程量清单项目不可能包含所有项目。在编制工程量清单时，当出现计量规范附录中未包括的清单项目时，编制人应作补充。

在编制补充项目时应注意的问题如图8-2所示。

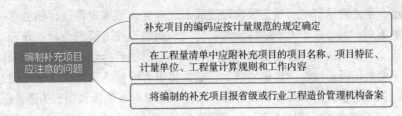

图8-2　编制补充项目应注意的问题

分部（分项）工程项目清单必须根据各专业工程计量规范规定的项目编码、项目名称、项目特征、计量单位和工程量计算规则进行编制。在分部（分项）工程工程量清单的编制过程中，由招标人负责前六项内容填列，金额部分在编制最高投标限价或投标报价时填列。

2. 措施项目清单

措施项目清单是指为完成工程项目施工，发生于该工程施工准备和施工过程中的技术、生活、安全、环境保护等方面的项目。

措施项目清单应根据相关工程现行国家计量规范的规定编制，并应根据拟建工程的实际情况列项。

措施项目费用的发生与使用时间、施工方法或者两个以上的工序相关，并大都与实际完成的实体工程量的大小关系不大，如安全文明施工，夜间施工，非夜间施工照明，二次搬运，冬雨期施工，地上、地下设施，建筑物的临时保护设施，已完工程及设备保护等。但是有些非实体项目则是可以计算工程量的项目，如脚手架工程，混凝土模板及支架（撑），垂直运输，超高施工增加，大型机械设备进出场及安拆，施工排水、降水等，与完成的工程实体具有直接关系，并且是可以精确计量的项目，用分部（分项）工程工程量清单的方式采用综合单价，更有利于措施费的确定和调整。措施项目中不能计算工程量的项目清单，以"项"为计量单位进行编制。

3. 其他项目清单

其他项目清单是指分部（分项）工程工程量清单、措施项目清单所包含的内容以外，因招标人的特殊要求而发生的与拟建工程有关的其他费用项目和相应数量的清单。

工程建设标准的高低、工程的复杂程度、工程的工期长短、工程的组成内容、发包人对工程管理要求等都直接影响其他项目清单的具体内容。

其他项目清单的组成如图8-3所示。

（1）暂列金额。暂列金额是指招标人在工程量清单中暂定并包括在合同价款中的一笔款项。用于工程合同签订时尚未确定或者不可预见的所需材料、工程设备、服务的采购，施工中可能发生的工程变更、合同约定调整因素出现时的合同价款调整，以及发生的索赔、现场签证确认等的费用。不管采用何种合同形式，其理想的标准是，一份合同的价格就是其最终的竣工结算价格，或者至少两者应尽可能接近。

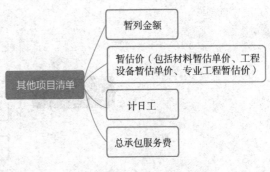

图8-3　其他项目清单的组成

我国规定对政府投资工程实行概算管理，经项目审批部门批复的设计概算是工程投资控制的刚性指标，即使商业性开发项目也有成本的预先控制问题，否则，无法相对准确预测投资的收益和科学合理地进行投资控制。但工程建设自身的特性决定了工程的设计需要根据工程进展不断地进行优化和调整，业主需求可能会随工程建设进展出现变化，工程建设过程还会存在一些不能预见、不能确定的因素。消化这些因素必然会影响合同价格的调整，暂列金额正是因这类不可避免的价格调整而设立，以便达到合理确定和有效控制工程造价的目标。设立暂列金额并不能保证合同结算价格就不会再出现超过合同价格的情况，是否超出合同价格完全取决于工程量清单编制人对暂列金额预测的准确性，以及工程建设过程是否出现了其他事先未预测到的事件。

（2）暂估价。暂估价是指招标人在工程量清单中提供的用于支付必然发生但暂时不能确定价格的材料、工程设备的单价及专业工程的金额，包括材料暂估单价、工程设备暂估单价和专业工程暂估价。暂估价数量和拟用项目应当结合工程量清单中的"暂估价表"予以补充说明。为方便合同管理，需要纳入分部（分项）工程工程量清单项目综合单价中的暂估价应只是材料、工程设备暂估单价，以方便投标人组价。

专业工程的暂估价一般应是综合暂估价，应当包括除规费和税金以外的管理费、利润等取费。公开透明地合理确定这类暂估价的实际开支金额的最佳途径就是通过施工总承包人与工程建设项目招标人共同组织的招标。

暂估价中的材料、工程设备暂估单价应根据工程造价信息或参照市场价格估算，列出明细表；专业工程暂估价应分不同专业，按有关计价规定估算，列出明细表。

（3）计日工。在施工过程中，承包人完成发包人提出的工程合同范围以外的零星项目或工作，按合同中约定的单价计价的一种方式。

计日工是为了解决现场发生的零星工作的计价而设立的。国际上常见的标准合同条款中，大多数都设立了计日工计价机制。计日工对完成零星工作所消耗的人工工时、材料数量、施工机械台班进行计量，并按照计日工表中填报的适用项目的单价进行计价支付。

计日工适用的所谓零星项目或工作一般是指合同约定之外的或者因变更而产生的、工程量清单中没有相应项目的额外工作，尤其是那些难以事先商定价格的额外工作。

（4）总承包服务费。总承包服务费是指总承包人为配合协调发包人进行的专业工程发包，对发包人自行采购的材料、工程设备等进行保管及施工现场管理、竣工资料汇总整理等服务所需的费用。招标人应预计该项费用并按投标人的投标报价向投标人支付该项费用。

4. 规费、税金项目清单

（1）规费项目清单的组成如图8-4所示。

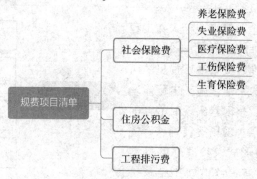

图8-4　规费项目清单的组成

（2）税金项目清单的组成如图8-5所示。

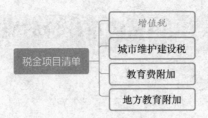

图 8-5　税金项目清单的组成

注：出现计价规范未列的项目，应根据税务部门的规定列项。

三、建筑工程工程量清单的编制

1. 工程量清单的编制依据

工程量清单的编制依据通常包括五部分内容，如图8-6所示。

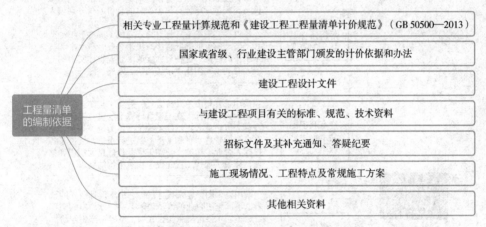

图 8-6　工程量清单的编制依据

2. 工程量清单的编制程序

工程量清单的编制程序可分为五个步骤，如图8-7所示。

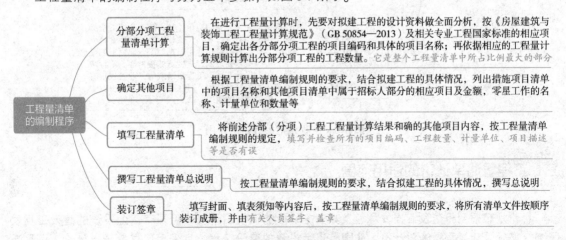

图 8-7　工程量清单的编制程序

第二节　　工程量清单计价的概述

一、工程量清单计价的概念

工程量清单计价是指投标人按照招标文件的规定，根据工程量清单所列项目，参照工程量清单计价依据计算的全部费用。

二、工程量清单计价的作用

工程量清单计价的作用如图8-8所示。

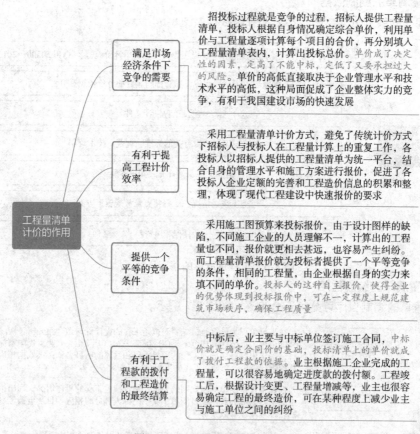

| 工程量清单计价的作用 | 满足市场经济条件下竞争的需要 | 招投标过程就是竞争的过程，招标人提供工程量清单，投标人根据自身情况确定综合单价，利用单价与工程量逐项计算每个项目的合价，再分别填入工程量清单表内，计算出投标总价。单价成了决定性的因素，定高了不能中标，定低了又要承担过大的风险。单价的高低直接取决于企业管理水平和技术水平的高低，这种局面促成了企业整体实力的竞争，有利于我国建设市场的快速发展 |

中标后，业主与中标单位签订施工合同，中标价就是确定合同价的基础，投标清单上的单价就成了拨付工程款的依据。业主根据施工企业完成的工程量，可以很容易地确定进度款的拨付额。工程竣工后，根据设计变更、工程量增减等，业主也很容易确定工程的最终造价，可在某种程度上减少业主与施工单位之间的纠纷

图8-8　工程量清单计价的作用

三、工程量清单计价的适用范围

计价规范适用于建设工程发承包及其实施阶段的计价活动。使用国有资金投资的建设工程发承包，必须采用工程量清单计价；非国有资金投资的建设工程，宜采用工程量清单计价；不采用

工程量清单计价的建设工程，应执行计价规范中除工程量清单等专门性规定外的其他规定。

国有资金投资的项目包括全部使用国有资金（含国家融资资金）投资或国有资金投资为主的工程建设项目。

（1）国有资金投资的工程建设项目包括：

1）使用各级财政预算资金的项目。

2）使用纳入财政管理的各种政府性专项建设资金的项目。

3）使用国有企事业单位自有资金，并且国有资产投资者实际拥有控制权的项目。

（2）国家融资资金投资的工程建设项目包括：

1）使用国家发行债券所筹资金的项目。

2）使用国家对外借款或者担保所筹资金的项目。

3）使用国家政策性贷款的项目。

4）国家授权投资主体融资的项目。

5）国家特许的融资项目。

（3）国有资金（含国家融资资金）为主的工程建设项目是指国有资金占投资总额 50% 以上，或虽不足 50% 但国有投资者实质上拥有控股权的工程建设项目。

四、工程量清单计价的基本原理

工程量清单计价的基本原理：按照工程量清单计价规范规定，在各相应专业工程计量规范规定的工程量清单项目设置和工程量计算规则基础上，针对具体工程的施工图样和施工组织设计计算出各个清单项目的工程量，根据规定的方法计算出综合单价，并汇总各清单合价得出工程总价。

（1）分部（分项）工程费 = $\sum$ [分部（分项）工程量 × 综合单价]

（2）措施项目费 = $\sum$ （措施项目工程量 × 综合单价）

（3）其他项目费 = 暂列金额 + 暂估价 + 计日工 + 总承包服务费

（4）单位工程报价 = 分部（分项）工程费 + 措施项目费 + 其他项目费 + 规费 + 税金

（5）单项工程报价 = $\sum$ 单位工程报价

（6）建设项目总报价 = $\sum$ 单项工程报价

公式中，综合单价包括人工费、材料费、施工机具使用费、企业管理费和利润以及一定范围内的风险费用。风险费用是隐含于已标价工程量清单综合单价中，用于化解发承包双方在工程合同中约定内容和范围内的市场价格波动风险的费用。

工程量清单计价活动涵盖施工招标、合同管理，以及竣工交付全过程，主要包括：编制招标工程量清单、最高投标限价、投标报价，确定合同价，进行工程计量与价款支付、合同价款的调整、工程结算和工程计价纠纷处理等活动。

五、建设工程造价的组成

采用工程量清单计价，建设工程造价由分部（分项）工程费、措施项目费、其他项目费和规费、税金组成，如图 8-9 所示。

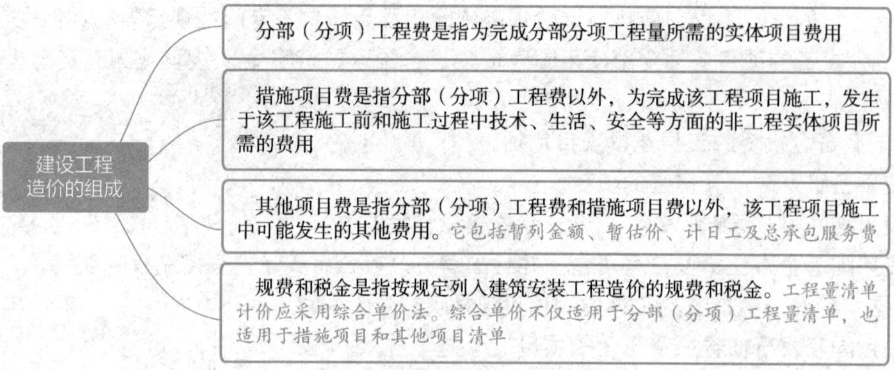

图8-9　建设工程造价的组成

第三节　　工程量清单计价的应用

一、最高投标限价

最高投标限价是招标人根据国家或省级、行业建设主管部门颁发的有关计价依据和办法，以及拟定的招标文件和招标工程量清单，编制的招标工程的最高限价。国有资金投资的工程建设项目应实行工程量清单招标，并应编制最高投标限价，最高投标限价应由具有编制能力的招标人或受其委托具有相应资质的工程造价咨询人编制。

二、投标价

投标价是由投标人按照招标文件的要求，根据工程特点，并结合企业定额及企业自身的施工技术、装备和管理水平，依据有关规定自主确定的工程造价，是投标人投标时报出的过程合同价，是投标人希望达成工程承包交易的期望价格，它不能高于招标人设定的最高投标限价。

三、合同价款的确定与调整

合同价是在工程发、承包交易过程中，由发、承包双方在施工合同中约定的工程造价。采用招标发包的工程，其合同价格应为投标人的中标价。在发、承包双方履行合同的过程中，当国家的法律、法规、规章及政策发生变化时，国家或省级、行业建设主管部门或其授权的工程造价管理机构据此发布工程造价调整文件，合同价款应当进行调整。

四、竣工结算价

竣工结算价是由发、承包双方依据国家有关法律、法规和标准规定，按照合同约定确定的，包括在履行合同过程中按合同约定进行的工程变更、索赔和价款调整，是承包人按合同约定完成了全部承包工作后，发包人应付给承包人的合同总金额。

一、广联达 BIM 土建计量软件 GTJ2021 概述

帮助工程造价企业和从业者解决土建专业估概算、招标投标预算、施工进度变更、竣工结算全过程各阶段算量、提量、检查、审核全流程业务，实现一站式的 BIM 土建计量。

二、广联达 BIM 土建计量软件 GTJ2021 安装与卸载

1. 软件安装

选择安装路径，点击［立即安装］。安装过程若防火墙弹出提示，允许运行即可，如图 9-1、图 9-2 所示。

图 9-1　点击［立即安装］

图 9-2　安装成功

2. 软件卸载

点击图 9-3 中的 [立即卸载]，弹出如图 9-4 所示的界面，点击 [是]，即可完成卸载，如图 9-5 所示。

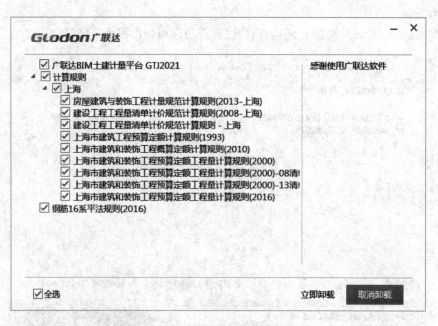

图 9-3　点击 [立即卸载]

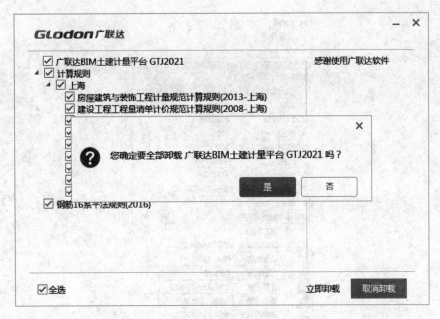

图 9-4 点击 [是]

图 9-5 卸载完成

三、广联达 BIM 土建计量软件 GTJ2021 新增模块价值点

1. 板加腋软件处理

（1）独立构件。增加板加腋构件，支持板面加腋、板底加腋业务；支持单图元绘制、批量绘制，提高建模效率，如图 9-6 ~ 图 9-8 所示。

图 9-6　属性列表

图 9-7　布置板加腋

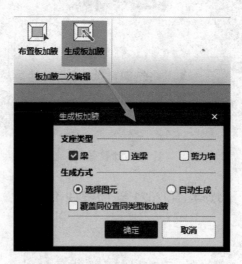

图 9-8　生成板加腋

（2）钢筋计算。加腋筋锚固提供多种节点，灵活输入，满足大部分图纸要求。板筋扣减加腋，计算准确。钢筋三维，核量方便，所见即所得，如图9-9、图9-10所示。

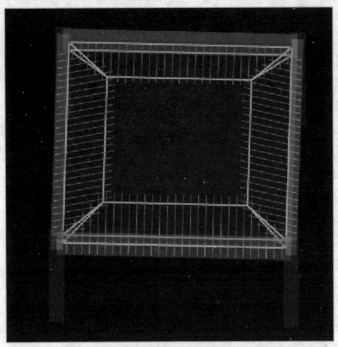

图9-9　钢筋计算示意图（一）

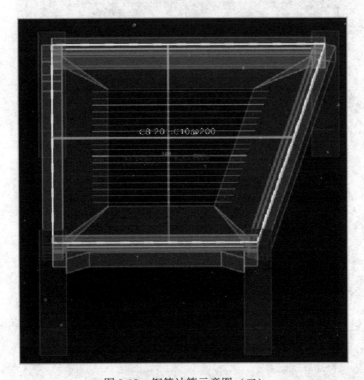

图9-10　钢筋计算示意图（二）

（3）土建计算。主体工程量计算规则直接使用现浇板，板加腋作为客体与其他构件进行扣减。

2. 梁加腋软件处理

梁构件增加生成梁加腋、查看梁加腋、删除梁加腋功能，如图 9-11 所示。

[生成梁加腋] 支持手动生成、自动生成，如图 9-12、图 9-13 所示。

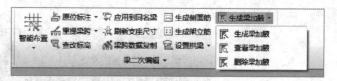

图 9-11　生成梁加腋

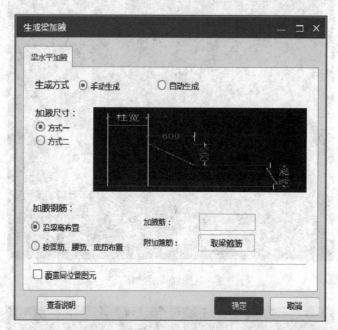

图 9-12　手动生成

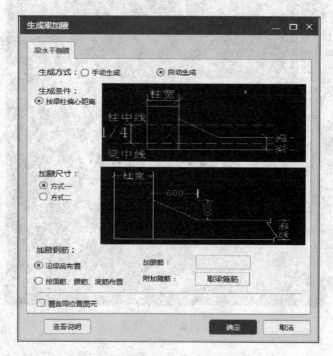

图 9-13　自动生成

3. 约束边缘软件处理

约束边缘非阴影区按照独立构件处理，构件区位于柱构件树下，紧挨砌体柱；做参数化构件，提供 5 种参数图；约束边缘非阴影区绘制时依赖于剪力墙和柱，可自适应墙和柱的形状生成不同的截面形状，如图 9-14 所示。

图 9-14　约束边缘非阴影区

4. 脚手架软件处理

新增脚手架构件，提供立面脚手架及平面脚手架两种形式。如图 9-15 所示。

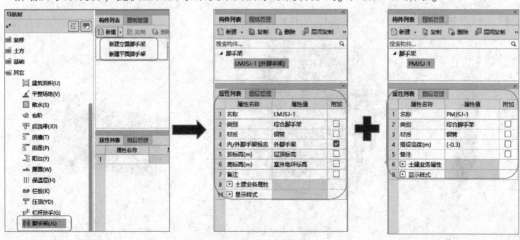

图 9-15　脚手架软件处理

（1）绘制灵活。立面脚手架支持：按墙、梁、柱、独立基础、桩承台、条形基础布置。平面脚手架支持：按天棚、吊顶、筏板基础、独立基础、桩承台、条形基础、建筑面积布置。

（2）生成脚手架。提供生成脚手架功能，可按照墙、柱、梁、基础、装饰、建筑面积等类别，按所勾选的条件生成脚手架构件及图元；满足用户多种位置的快速布置要求，提高建模效率，如图 9-16 所示。

图 9-16　生成脚手架

（3）模型绘制显示效果，如图 9-17 所示。

图 9-17　模型绘制显示效果

（4）工程量计算。立面脚手架区分点式和线式构件，可按照计算规范要求，区分计算工程量。面式脚手架提供平面面积及超高平面面积，满足满堂脚手架工程量计算要求。

5. 自定义贴面

（1）自定义贴面-外墙装修。自定义贴面在现有挑檐、柱的布置范围上，扩展到梁、圈梁装修，如图 9-18 所示。

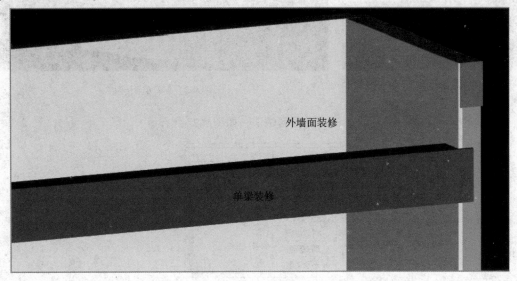

图 9-18　外墙装修

（2）自定义贴面-梁。处理范围：梁、圈梁（矩形、参数化、异型）。计算处理：土建计算（贴面面积、端头面积）。显示：填充颜色、材质纹理。其他：点布置、按梁智能布置、布置端头，如图 9-19 ~ 图 9-21 所示。

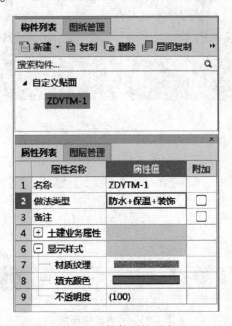

图 9-19　构件属性列表

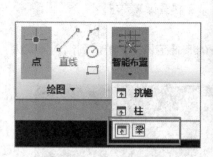

图 9-20　智能布置

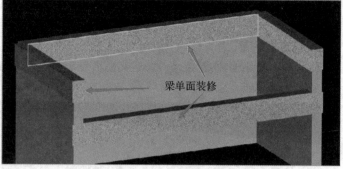

图 9-21　梁单面装修

做法类型：可选择任意组合，满足工程套做法，如图 9-22 所示。

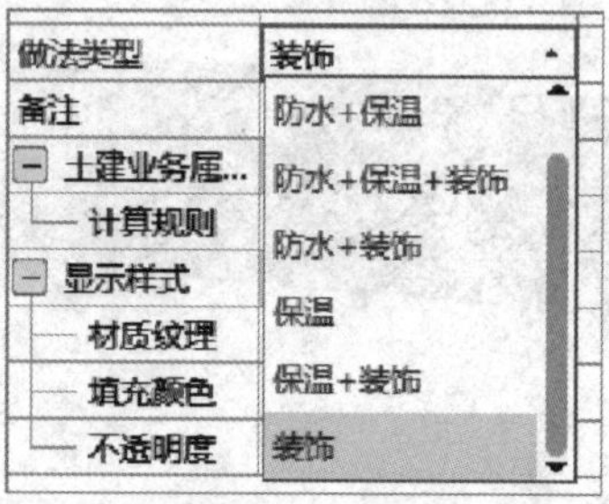

图 9-22　做法类型

材质纹理：导入效果贴图，让装修显示更真实，如图 9-23 所示。

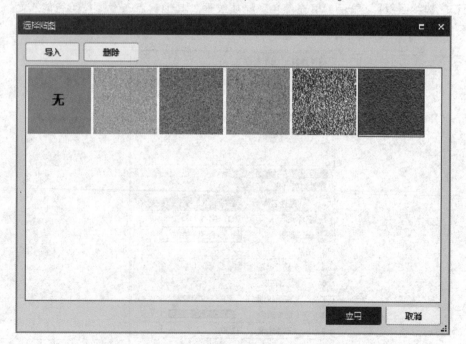

图 9-23　导入效果贴图

6. 自定义钢筋

依据图纸设计要求在任意构件上绘制钢筋、布置钢筋网片，实现 BIM 模式的钢筋建模，提高钢筋手算效率、扩大业务处理范围。处理范围：绘制线式钢筋、按面布置钢筋。计算处理：钢筋计算、报表。显示：钢筋三维。其他：设置起步、调整长度、遇支座锚固、旋转角度、设定弯折、按构件归类统计钢筋。

（1）绘制单（多）根钢筋，如图 9-24 所示。

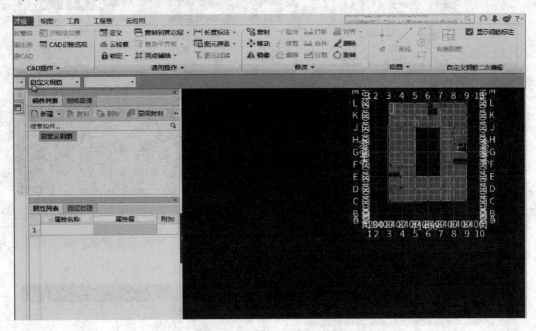

图 9-24 绘制单（多）根钢筋

（2）按面布置钢筋网片，如图 9-25 所示。

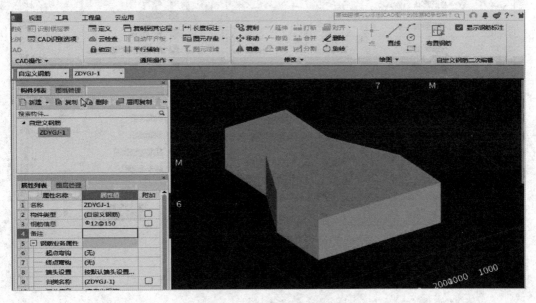

图 9-25 按面布置钢筋网片

7. 智能做法

（1）量分筋合。梁、主肋梁二次编辑界面提供"梁跨分类"功能。梁、主肋梁属性界面增加"土建汇总类别"属性，且下拉选项默认：梁、主肋梁、单梁、有梁板、阳台梁、梯梁。汇总类别支持手动编辑，如图9-26所示。

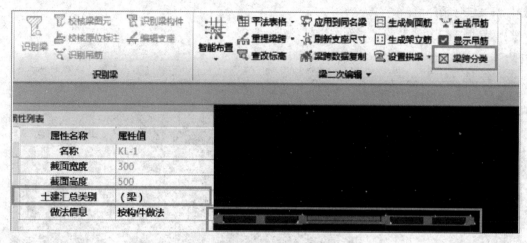

图9-26 土建汇总类别

设置分类条件增加"土建汇总类别"，方便按照汇总类别进行分类汇总查量。修改完梁汇总类别，模型显示为网格状，如图9-27所示。

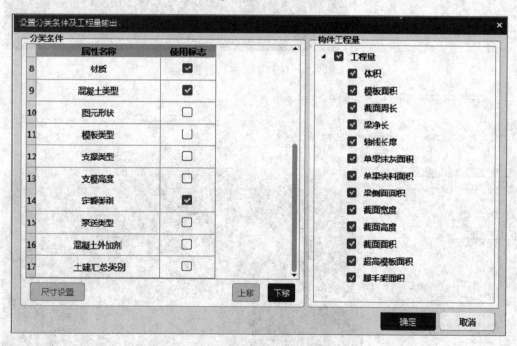

图9-27 设置分类条件

（2）图元做法。所有土建构件支持图元套做法，如图9-28所示。

	属性名称	属性值	附加
1	名称	JLQ-1	
2	厚度(mm)	200	☐
3	轴线距左墙皮距离(m...	(100)	☐
4	水平分布钢筋	(2) Φ12@200	☐
5	垂直分布钢筋	(2) Φ12@200	☐
6	拉筋	Φ6@600*600	☐
7	材质	现浇混凝土	☐
8	混凝土类型	(3现浇砼 碎石 <31.5...	☐
9	混凝土强度等级	(C25)	☐
10	混凝土外加剂	(无)	
11	泵送类型	(混凝土泵)	
12	泵送高度(m)		
13	内/外墙标志	外墙	☑
14	类别	混凝土墙	☐
15	起点顶标高(m)	层顶标高	☐
16	终点顶标高(m)	层顶标高	☐
17	起点底标高(m)	层底标高	☐
18	终点底标高(m)	层底标高	☐
19	备注		☐
20	⊞ 钢筋业务属性		
33	⊟ 土建业务属性		
34	── 计算设置	按默认计算设置	
35	── 计算规则	按默认计算规则	
36	── 做法信息	按构件做法	

图 9-28　图元套做法

图元做法支持批量自动套做法，如图 9-29 所示。

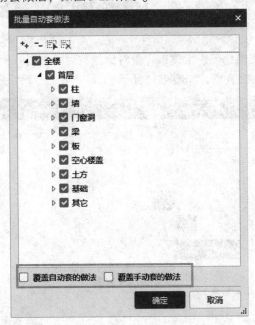

图 9-29　批量自动套做法

图元做法是否参与自动套可以进行选择，如图 9-30 所示。

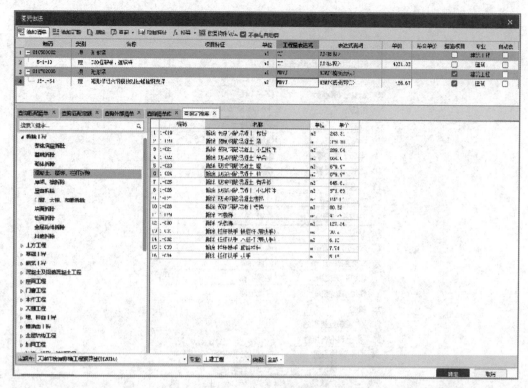

图 9-30　选择自动套

图元做法支持恢复当前构件做法，修改过图元做法的图元模型显示为网格状，如图 9-31 所示。

图 9-31　网格状模型

8. 便捷的云服务

（1）云对比。云对比支持钢筋、土建工程量对比，灵活的楼层、构件类型筛选，过滤、排序辅助查找，多维度的图表联动分析，如图 9-32 所示。

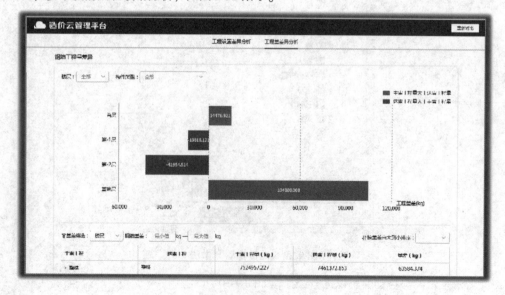

图 9-32　云对比

主送审工程量差异，如图 9-33 所示。

主审工程	送审工程	主审工程量（kg）	送审工程量（kg）	量差（kg）
整楼	整楼	7524957.227	7461372.853	63584.374
基础层	基础层	2877544.818	2772664.730	104880.088
绘图输入	绘图输入	2834101.803	2772664.730	61437.073
梁	梁	5066.028	5071.946	-5.918
现浇板	现浇板	1031.985	1049.427	-17.442
板受力筋	板受力筋	4167.456	4159.143	8.313
筏板基础	筏板基础	113032.314	71034.795	41997.519
筏板主筋	筏板主筋	1748944.883	1713991.124	34953.759
筏板负筋	筏板负筋	61014.555	55950.054	5064.501
集水坑	集水坑	45701.188	44973.130	728.058
桩承台	桩承台	821046.888	842449.033	-21402.145
后浇带	后浇带	5457.309	5346.881	110.428
表格输入	表格输入	43443.015	0	43443.015

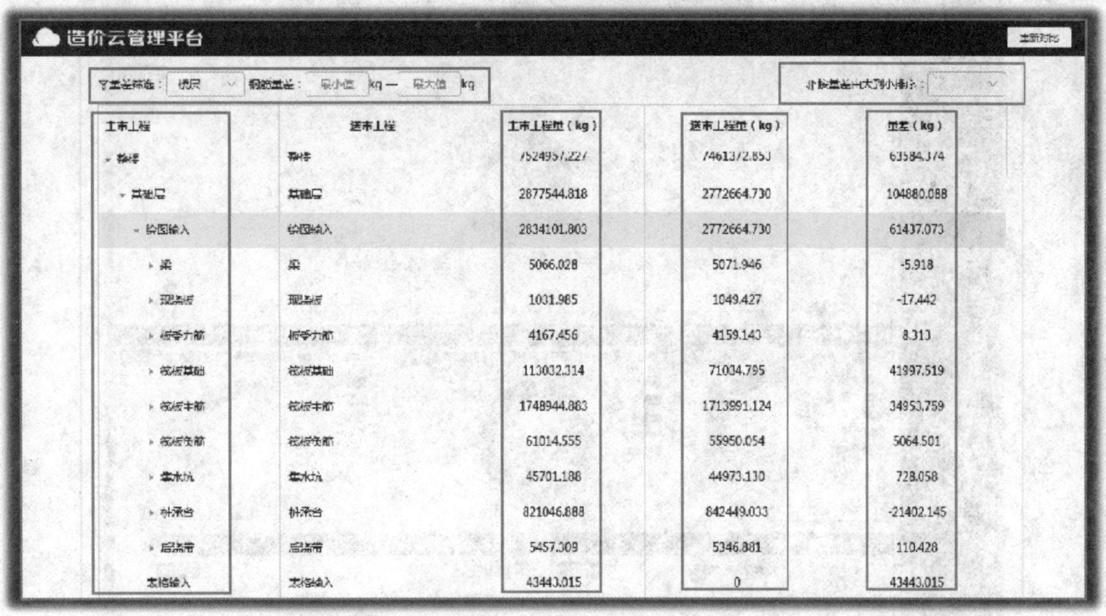

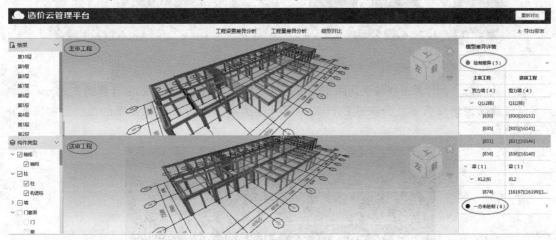

图 9-33　主送审工程量差异

楼层、构件、图元级量差。云端三维模型对比，方便查看图元绘制、属性、编辑钢筋、平法表格不一致等问题，分析量差原因，如图 9-34 所示。

图 9-34　分析量差原因

智能高效的量差 BI 报表分析，一目了然呈现量差数据，用户可自定义对比报告面板，让数据栩栩如生，如图 9-35 所示。

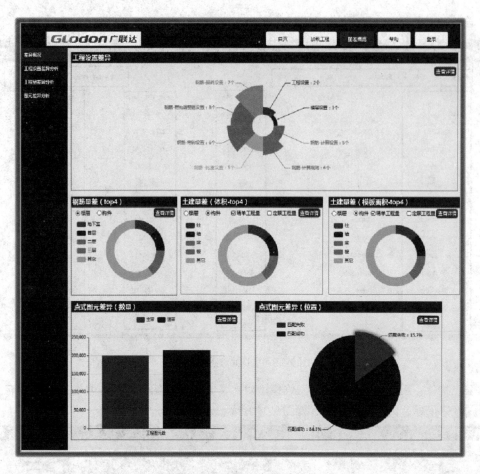

图 9-35　量差 BI 报表分析

（2）云汇总。云计算是一种使用阿里云服务器来替代本地电脑进行汇总计算的方式，通过利用多台云端高性能服务器及分布式的计算方式从而达到提升工程计算效率的目的，如图 9-36 所示。

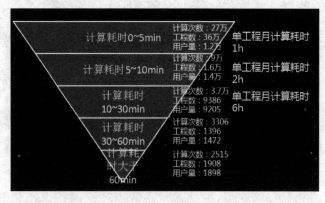

图 9-36　云汇总

第二节 广联达 BIM 土建计量软件 GTJ2021 操作简介

一、工程设置

工程设置的模块如图 9-37 所示。

图 9-37 工程设置

1. 工程信息

在工程信息窗体中，可对当前工程的基本信息进行编辑和完善，包括工程信息、计算规则、编制信息以及自定义属性信息，如图 9-38 ~ 图 9-41 所示。

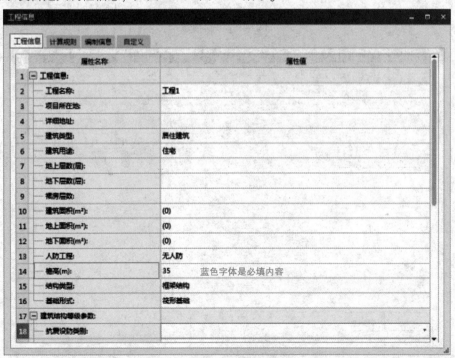

图 9-38 工程信息

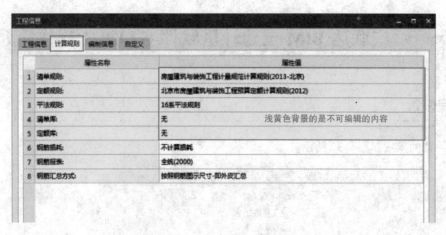

图 9-39　计算规则

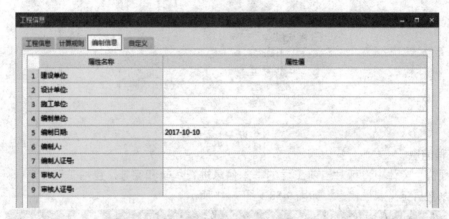

图 9-40　编制信息

图 9-41　自定义

2. 楼层设置

在楼层设置页面，可以对当前项目的单项工程、楼层、混凝土强度和锚固搭接进行设置，如图 9-42 所示。

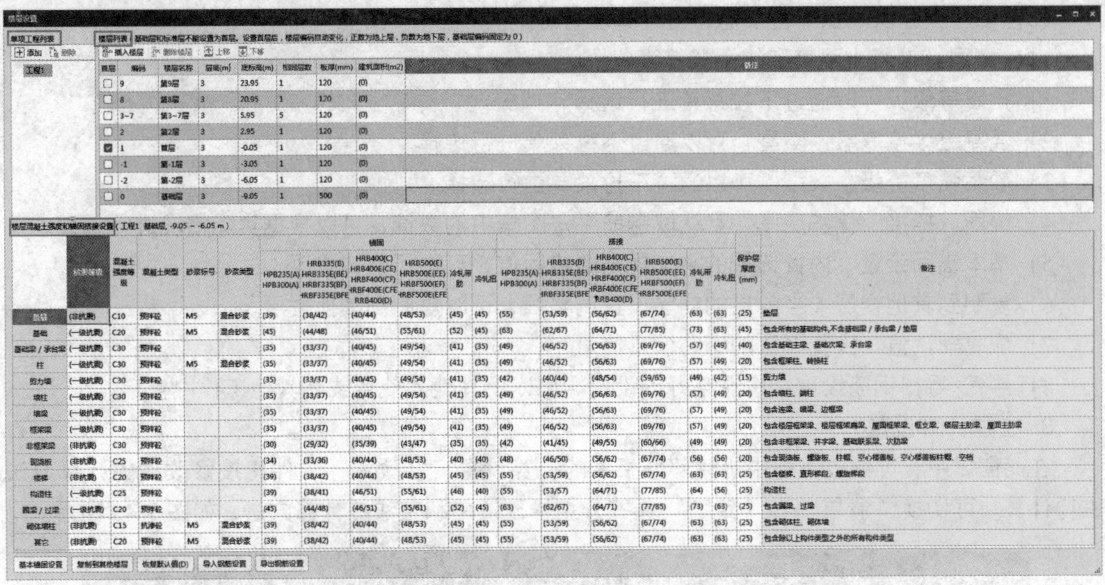

图 9-42　楼层设置

（1）单项工程列表。

1）添加：可以添加多个单项工程，每个单项工程的楼层、混凝土强度和锚固搭接都可以单独设置。

2）删除：删除多余的单项工程，最少要保留一个。

（2）楼层列表。

1）插入楼层：可以在当前选中的楼层位置上一行插入一个楼层行，例如：选中基础层后，可以插入地下室层；选中首层后，可以插入地上层。

2）删除楼层：删除当前选中的楼层，但是不能删除首层、基础层和建模中所在的楼层。

3）上/下移：把选中的楼层上移或者下移一个楼层。

4）首层：可以指定某个楼层为首层，但是标准层和基础层不能指定为首层。

5）编码：软件内置的楼层的编码，不能修改，0 代表基础层，1 代表首层，正数代表地上层，负数代表地下层。

6）楼层名称：软件默认首层和基础层，当插入楼层后，软件会默认显示第 X 层，可以根据实际情况进行描述，例如：地下室层、人防层、标准层等。

7）层高：软件默认层高为 3m，请根据图纸进行输入。

8）底标高：秩序输入首层底标高即可，其余楼层底标高会根据层高自动计算，首层的结构标高和建筑标高有一定的高差，根据图纸进行输入，例如 -0.05。

9）相同层数：工程中有标准层时，只要输入相同层数的数量即可，软件会自动将编码改为 $n \sim m$，标高自动累加；注意：如果工程中图纸 2~8 层的平面图和结构图图纸都是一样的，此时标准层的建立应该是 3~7 层，相同层数输入 "5"，因为 2 层和 8 层涉及到与上下层的图元锚固搭接。否则会影响上下层的钢筋计算。

10）板厚：即楼层中的板的厚度，在绘图区域新建板的时候，默认取这里的厚度。

11）建筑面积：可以输入具体的数值，在云指标中和报表的指标计算中，会优先以这里的数值为依据进行计算。

12）备注：可以添加一些信息，对计算没有影响。

（3）楼层、混凝土强度和锚固搭接设置。

1）抗震等级：可以通过下拉菜单进行选择。

2）混凝土强度等级、类型：可以通过下拉菜单进行选择。

3）砂浆强度等级、类型：可以通过下拉菜单进行选择。

4）锚固、搭接、保护层厚：默认取钢筋平法图集中的数值，可以根据实际情况进行调整。

5）基本锚固设置：内置选择的平法规则的锚固值，可进行查询修改。

6）复制到其他楼层：当前层的钢筋设置调整后，可以复制到其他楼层。

7）恢复默认值：恢复默认的钢筋设置信息。

8）导入／导出钢筋设置：将调整好的设置导出以便其他人使用或在其他工程中使用。

3. 土建计算设置

在此窗体中，可修改工程中土建部分相关的计算设置，修改后，软件将按修改后的计算方法进行计算。可切换"清单"和"定额"页签分别修改清单和定额的计算方法，如图 9-43 所示。

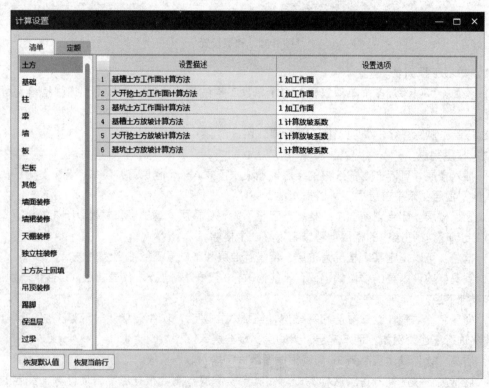

图 9-43　土建计算设置

当对默认值进行修改后，单元格的背景色会变成绿色，如图 9-44 所示。

恢复默认值：将修改后的计算方法恢复到默认状态，恢复时，可以按照构件进行选择。

恢复当前行：将当前选中行的计算方法调整为系统默认值。

图 9-44　修改默认值

4. 钢筋计算设置

在钢筋计算设置页面，可以对当前工程钢筋计算方面的设置进行修改，包含 5 部分内容：计算规则、节点设置、箍筋设置、搭接设置、箍筋公式。

（1）计算规则如图 9-45 所示。说明如下：

1）先在左侧选择构件类型，然后在右侧根据需要修改计算规则。

2）导入规则：可导入之前保存的规则文件。

3）导出规则：可将自行修改的规则导出以供其他工程或其他人使用。

4）恢复默认值：将当前清单规则或定额规则恢复为系统默认的计算规则，恢复时可选择恢复全部构件或部分构件。

5）红色线框中是选中的规则对应的说明文字，可以详细了解输入时的注意事项以及该规则的来源。

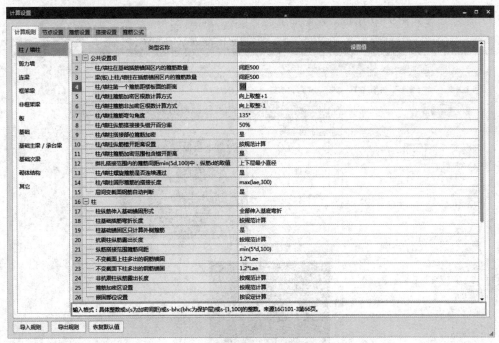

图 9-45　计算规则

（2）节点设置如图 9-46 所示。说明如下：

1）集成了平法图集中的节点图，可以根据需要进行调整。

2）点击每行右侧的"　┉　"可以打开此处所有的节点图，按需选择后，在节点设置示意图中，可修改具体数值（绿色字体的为可修改内容）。

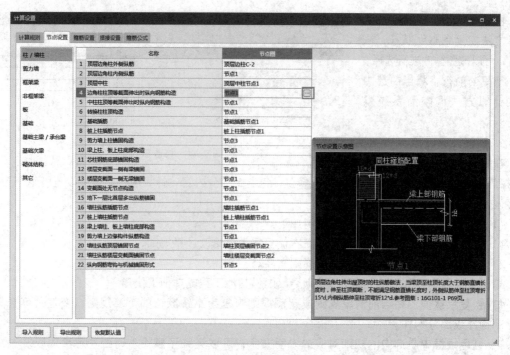

图 9-46　节点设置

（3）箍筋设置如图 9-47 所示。说明如下：

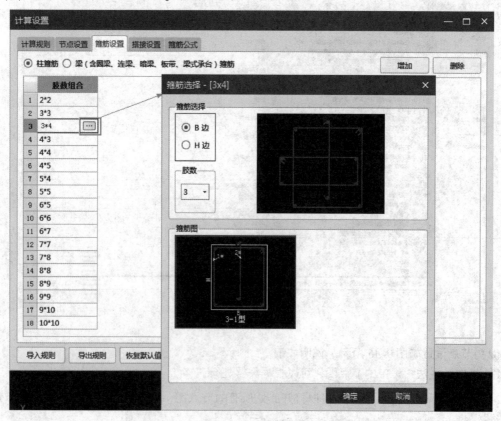

图 9-47　箍筋设置

1）集成了不同肢数组合的箍筋形式，可以根据需要进行选择。

2）点击"　⋯　"后，在弹出的窗体中，选择需要的箍筋样式。

（4）搭接设置如图9-48所示。说明如下：

1）针对不同的钢筋级别和钢筋直径，可以调整搭接的形式和定尺的长度。

2）定尺支持输入［500，5000000］之间的整数，为解决业务上不计算搭接的情况，最大值放开到5000m。

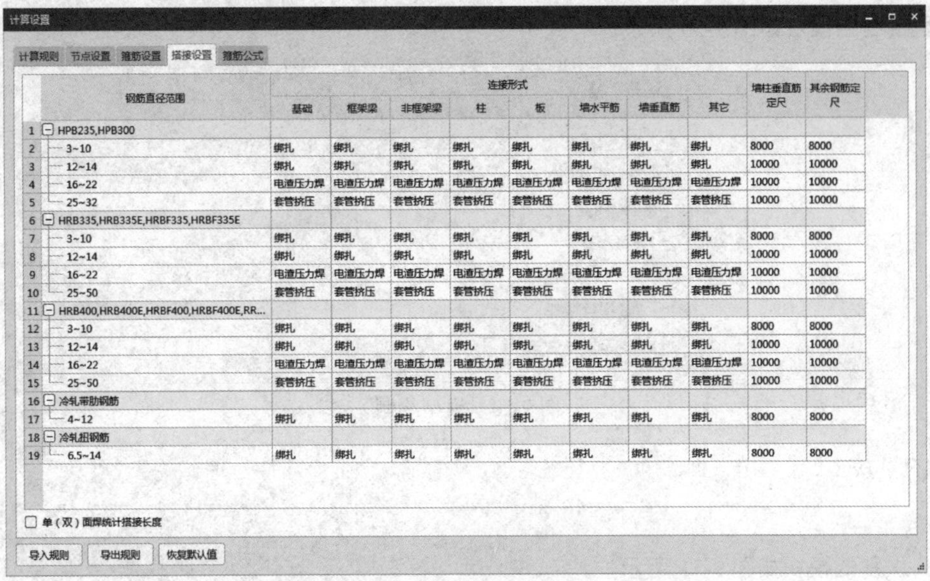

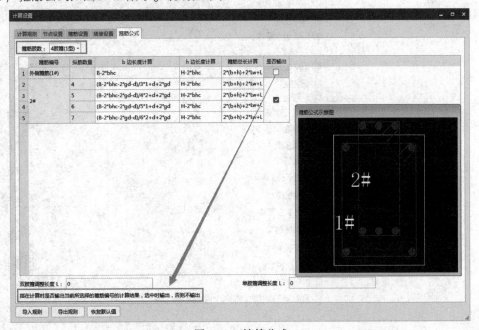

图9-48　搭接设置

（5）箍筋公式如图9-49所示。说明如下：

图9-49　箍筋公式

1）针对不同的箍筋类型，可以设置箍筋的计算公式。

2）先在下拉列表中选择箍筋肢数，然后根据纵筋数量查改对应的计算公式。

3）当鼠标点击单元格时，窗体下方会有相应提示，可帮助用户快速了解该单元格中的内容。

4）可以对双肢箍和单肢箍的长度进行手动调整。

二、模型绘制

模型绘制的模块如图 9-50 所示。

图 9-50　模型绘制

三、CAD 识别

CAD 识别的模块如图 9-51 所示。

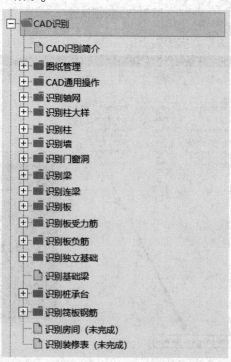

图 9-51　CAD 识别

1. CAD 识别概述

软件提供了功能强大、高效智能的 CAD 识别功能，用户将 CAD "．dwg" 电子图导入到软件中，利用软件提供的识别构件功能，可以快速将电子图纸中的信息识别为钢筋软件的各类构件，其具体操作流程如图 9-52 所示。

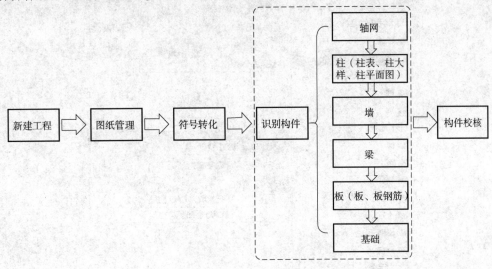

图 9-52　CAD 识别操作流程

同时，软件还提供了完善的图纸管理功能，能够将原电子图进行有效管理，并随工程统一保存，提高做工程的效率。图纸管理工程在使用时，其流程如图 9-53 所示。

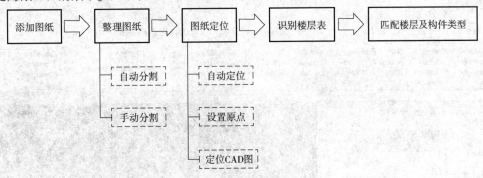

图 9-53　图纸管理流程

（1）若"图纸管理""图层管理"页签被关闭，可以在选项卡—视图—用户面板中打开，如图 9-54 所示。

图 9-54　用户面板中打开图纸

（2）CAD 识别时，"图纸管理""图层管理"以页签的形式，默认与构件列表、属性列表并列显示，如图 9-55 所示。

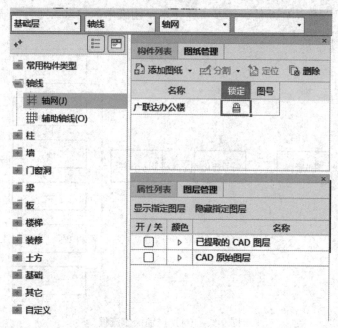

图 9-55　列表并列显示

（3）CAD 识别相关功能，均在相应构件类型下的"建模"选项卡中，以独立的识别分栏显示，如图 9-56 所示。

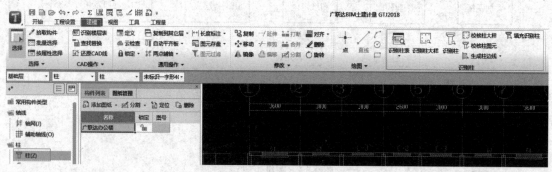

图 9-56　独立的识别分栏显示

（4）CAD 识别相关界面调整。你可以左键点击识别功能的状态栏不松开鼠标，此时可以拖动状态栏，当出现如图中的方向导航图标时，只需将鼠标光标移动到上、下、左、右、中五个方向任意一处，此时松开鼠标即可完成位置调整，如图 9-57 所示。

2. 添加图纸

此功能主要用于将电子图纸导入到软件中，支持的电子图纸的格式为"＊.dwg""＊.dxf""＊.pdf""＊.cadi2""＊.gad"。注："＊.dwg""＊.dxf"这两个是 cad 软件保存的格式；"＊.pdf"属于 pdf 格式；"＊.cadi2""＊.gad"这两个属于广联达算量分割后的保存格式。

操作步骤：

第一步：点击图纸管理页签下的"添加图纸"，选择电子图纸所在的文件夹，并选择需要导

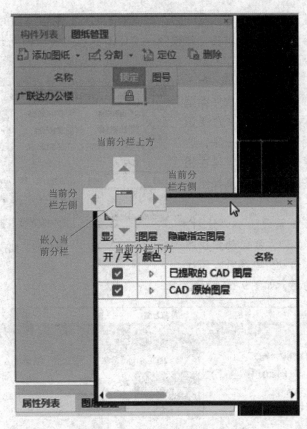

图 9-57　CAD 识别相关界面调整

入的电子图，点击"打开"即可导入，如图 9-58 所示。选择图纸支持单选、Shift 或 Ctrl + 左键多选。触发添加图纸的倒三角，下拉可以插入图纸，也可以使用保存图纸将当前的图纸再保存为"＊.dwg"格式文件。

图 9-58　打开图纸

第二步：在图纸管理界面显示导入图纸后，可以修改名称，双击添加的图纸，在绘图区域显示导入的图纸文件内容。另外，可以在"建模"—"CAD操作"中对图纸进行设置比例、查找替换等操作，如图9-59所示。

3. 分割图纸

若一个工程的多个楼层、多种构件类型会放在一个电子CAD文件中，为了方便识别，需要把各个楼层图纸单独拆分出来，这时就可以用此功能，逐个分割图纸，再在相应的楼层分别选择这些图纸进行识别操作。

操作步骤：

第一步：点击"图纸管理"→"分割"下拉选择"自动分割"，软件会自动查找照图纸边框线和图纸名称自动分割图纸，若找不到合适名称会自动命名，如图9-60所示。

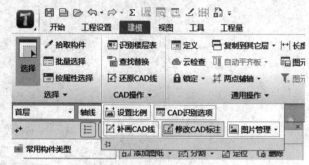

图9-59 建模

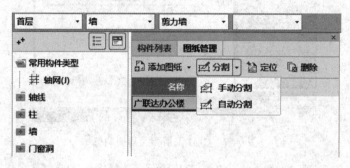

图9-60 分割

第二步：点击"图纸管理"→"分割"下拉选择"手动分割"，然后在绘图区域拉框选择要分割的图纸，按软件下方状态栏提示操作，如图9-61所示。

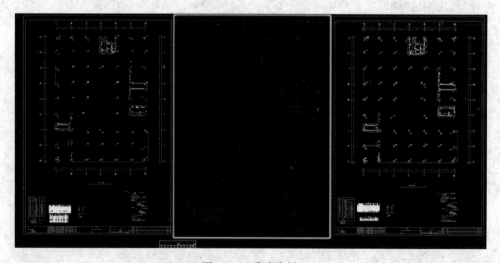

图9-61 手动分割

4. 图纸锁定和解锁

为了避免识别时，不小心误删了 CAD 图纸，导入软件的 CAD 图纸默认是锁定状态。要想对其修改、删除、复制等操作，就需要解除图纸锁定。

操作步骤：

第一步：导图的图纸默认均是锁定的，如图 9-62 所示。

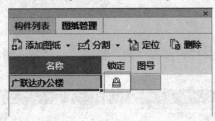

图 9-62　图纸默认均锁定

第二步：点击锁定列的"小锁"图标，即可解锁，如图 9-63 所示。

图 9-63　解锁

5. 设置比例

当 CAD 图或者图片导入后，发现比例不正确，可以使用该功能重新设置比例，图纸上存在不同部位，比例不同时，可以通过多次设置比例来正确识别，不需要重复导入设置比例。

操作步骤：

第一步：导入图纸后，在菜单栏"建模"页签的"CAD 操作"分栏，点击"设置比例"。

第二步：根据软件下方提示，利用鼠标点取两点，软件自动量取两点距离，并弹出如图 9-64 所示的对话框。

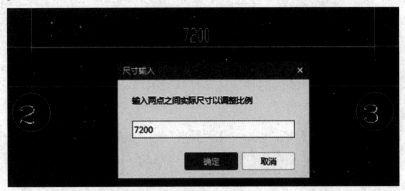

图 9-64　弹出对话框

第三步：如果量取的距离与实际不符，则在对话框中输入两点间实际尺寸，如"7200"，点击"确定"，软件即可自动调整比例。

6. 图片管理

在实际工程中，需要参考 CAD 电子图或者蓝图，有 CAD 电子图时可以直接导入进行识别。没有 CAD 图的情况下，可以将蓝图拍照，导入软件中，参考图片来建模，省去了来回查看和翻图纸的烦恼。

（1）导入图片操作步骤：

第一步：在"CAD 操作"分栏，点击"图片管理"→"导入图片"，弹出如图 9-65 所示的对话框。

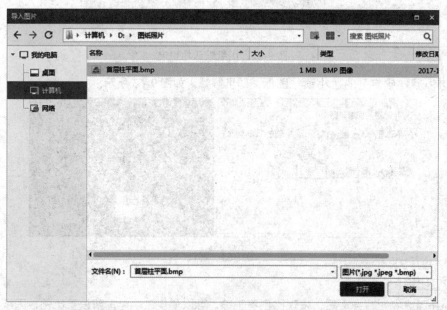

图 9-65 导入图片

第二步：选择要导入的图片，点击"打开"，通过鼠标选择插入点，即可将图片导入到软件中。

（2）定位图片操作步骤：

第一步：在"CAD 操作"分栏，点击"图片管理"→"定位图片"。

第二步：鼠标左键单击或是拉框选择图片，图片边框变为绿色，如图 9-66 所示。

第三步：根据提示，左键选择图片上的一个基准点。

第四步：鼠标左键选择定位图片的目标点，即完成定位图片操作。

（3）设置（图片）比例。利用此功能可对图片比例进行调整，操作方法与"设置比例"相同。

（4）旋转图片操作步骤：

第一步：在"CAD 操作"分栏，点击"图片管理"→"旋转图片"功能。

第二步：选择图中一张图片，图片外框绿色显示。

第三步：选择图片上一个基准点。

第四步：根据提示，选择第二点，确定图片的选择角度。如图 9-67 所示。

（5）清除图片。即删除图片。点击"清除图片"，即可删除选中的图片。

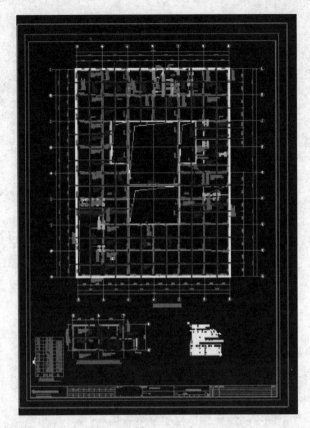

图 9-66　图片边框变为绿色

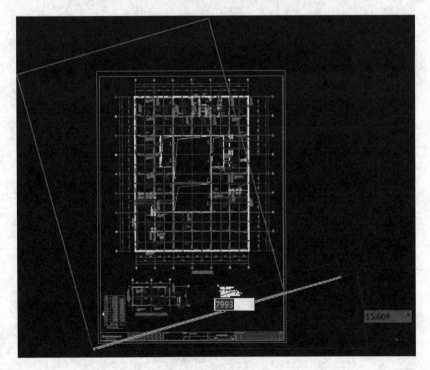

图 9-67　旋转图片

四、汇总计算

汇总计算的模块如图9-68所示。

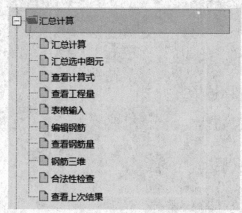

图 9-68　汇总计算

1. 汇总计算

当工程遇到以下问题时，可以使用"汇总计算"功能：

（1）完成工程模型，需要查看构件工程量时。

（2）修改了某个构件属性/图元信息，需查看修改后的图元工程量时。

（3）只需要汇总构件的部分工程量或只汇总做法工程量时。

操作步骤：

第一步：在菜单栏中点击"工程量"→汇总计算"，弹出"汇总计算"提示框，如图9-69所示。

图 9-69　弹出"汇总计算"提示框

第二步：选择需要汇总的楼层、构件、及汇总项，点击"确定"按钮进行计算汇总。

第三步：汇总结束后弹出"计算汇总成功"界面，如图9-70所示。

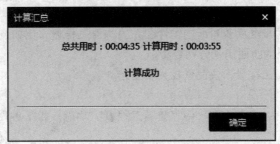

图9-70　"计算汇总成功"界面

说明：

（1）若勾选土建计算、钢筋计算、表格输入按钮则汇总计算会根据用户选择进行计算。

（2）"选项"界面—"汇总选项"。使用联机汇总：当多台电脑处于同一个局域网且用户需要快速计算汇总时可勾选"使用联机汇总"。

（3）土建工程量选择界面。

1）清单选项：勾选清单且选择需要计算的构件及对应的工程量。

2）定额选项：勾选定额且选择需要计算的构件及对应的工程量。

3）显示原则：当工程为清单工程时，选项界面清单选项亮显，定额选项灰显只能选择清单模式下对应的构件工程量；当工程为定额工程时，选项界面定额选项亮显，清单选项灰显用户只能选择定额模式下对应的构件工程量；当工程为清单定额模式时，选项界面清单定额均亮显，可分别切换清单定额构件工程量。

（4）"只汇总做法工程量"："只汇总做法工程量"打上√，只汇总套好的做法工程量及对应的构件工程量。

技巧：

1）"导入选项"：将其他工程已经修改好需要计算的构件工程量选项文件保存，导入其他工程无需重新设置。

2）"导出选项"：将已经设置好的"土建工程量选择"界面内容进行导出备份，以备其他工程多次使用。

3）"恢复默认"：当在"土建工程量选择"界面修改了部分构件选项内容想快速恢复到最初默认内容可使用功能"恢复默认"。

汇总计算时，想取消汇总点击计算汇总界面的"取消"按钮，如图9-71所示，可结束此次汇总。

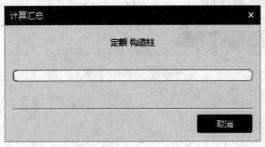

图9-71　结束汇总

2. 查看工程量

当工程遇到以下问题时，可以使用"查看工程量"功能：

（1）查看当前构件类型下所选构件图元的构件工程量及做法工程量。

（2）相同的分类条件及顺序查看所选构件图元的构件工程量，比如查看当前层中框架柱的模板工程量，可以按照不同的断面周长分别查看。

（3）过程中需要审核工程量，快速查找关联图元。

操作步骤：

第一步：点击菜单栏中"工程量"→"查看工程量"功能，如图 9-72 所示。

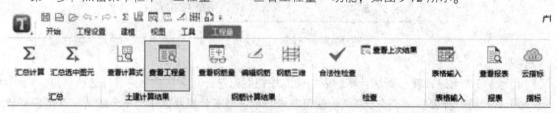

图 9-72　查看工程量

第二步：在绘图界面点选或拉框选择需要查看工程量的图元，如图 9-73 所示。

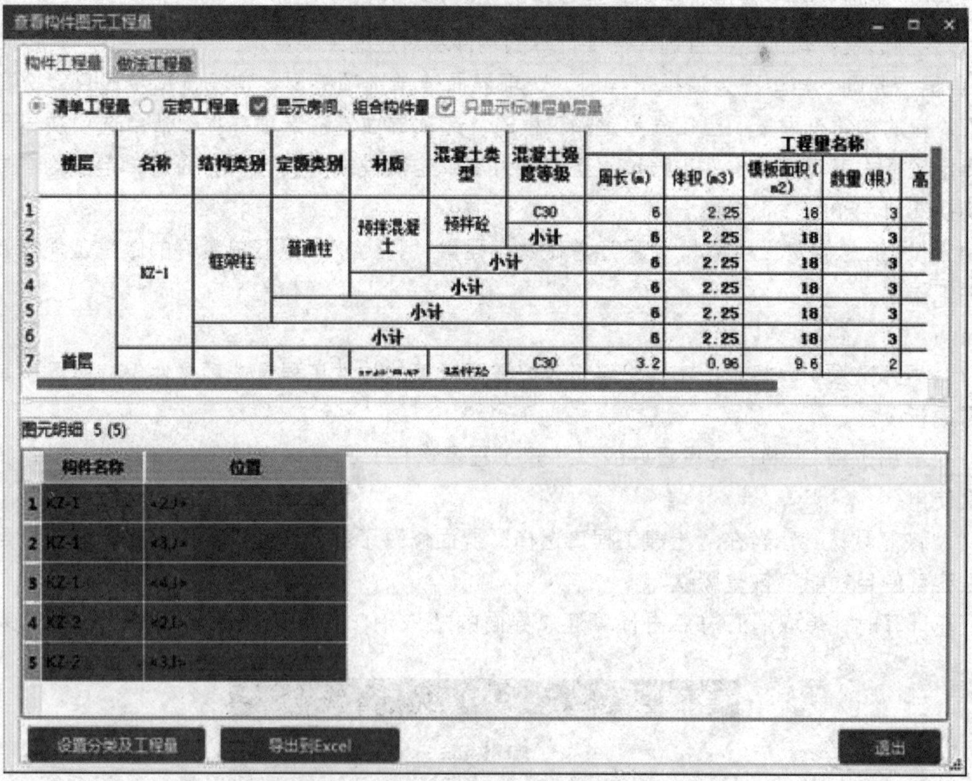

图 9-73　构件工程量

第三步：点击"查看构件图元工程量"→"设置分类及工程量"按钮，根据实际工程所需可自行勾选分类条件，如图 9-74 所示。

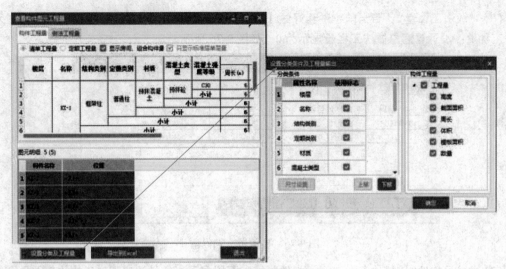

图 9-74　设置分类及工程量

第四步：点击"确定"按钮查看报表，如图 9-75 所示。

截面面积	楼层	名称	周长(m)	体积(m3)	模板面积(m2)	数量(根)	高度(m)	截面面积(m2)
					工程量名称			
1	0.16	首层	KZ-1	3.2	0.96	9.6	2	6	0.32
2			小计	3.2	0.96	9.6	2	6	0.32
3		小计		3.2	0.96	9.6	2	6	0.32
4	0.25	首层	KZ-2	4	1.5	12	2	6	0.5
5			小计	4	1.5	12	2	6	0.5
6		小计		4	1.5	12	2	6	0.5
7		合计		7.2	2.46	21.6	4	12	0.82

图 9-75　查看构件图元工程量

说明：

（1）当工程为清单定额模式时："清单工程量"显示当前构件图元清单模式下的工程量；"定额工程量"显示当前构件图元定额模式下的工程量。

（2）当工程为纯清单模式时：构件工程量界面只显示当前构件的"清单工程量"，"定额工程量"灰显。

（3）当工程为纯定额模式时：构件工程量界面只显示当前构件的"定额工程量"，"清单工程量灰显"。

（4）"显示房间、组合构建量"：可以显示或隐藏当前构件所在房间或当前构件所在组合构件下的工程量，（如：两个楼地面 DM1、DM2，其中 DM2 是 FJ-1 的依附构件、DM1 是单独绘制的没有房间依附，显示工程量若勾选"显示房间、组合构建量"时，界面会显示 DM1 和 DM2 两个地面的工程量；反之则只显示 DM1 的工程量）。

（5）"只显示标准层单层量"：若当前工程有标准层时，当前按钮亮显，反之则灰显；有标准层且勾选"只显示标准层单层量"，界面只显示当前构件一层的工程量；不勾选则显示当前构件标准层所有的工程量。

（6）“做法工程量”：若当前构件套好做法且已经汇总计算好，“做法工程量”界面会显示其做法工程量；没计算汇总做法工程量显示为 0，如图 9-76 所示。

	编码	项目名称	单位	工程量
1	010502001	矩形柱	m3	2.46
2	011702002	矩形柱	m2	21.6

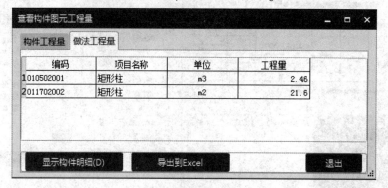

图 9-76　显示做法工程量

（7）“显示构件明细”：点击“显示构件明细”可以显示当前做法底下对应的构件图元明细信息；“隐藏构件明细”只显示做法工程量不显示图元明细信息，如图 9-77 所示。

	编码	项目名称	单位	工程量
1	010502001	矩形柱	m3	2.46
2	KZ-1		m3	0.96
3	KZ-2		m3	1.5
4	011702002	矩形柱	m2	21.6
5	KZ-1		m2	9.6
6	KZ-2		m2	12

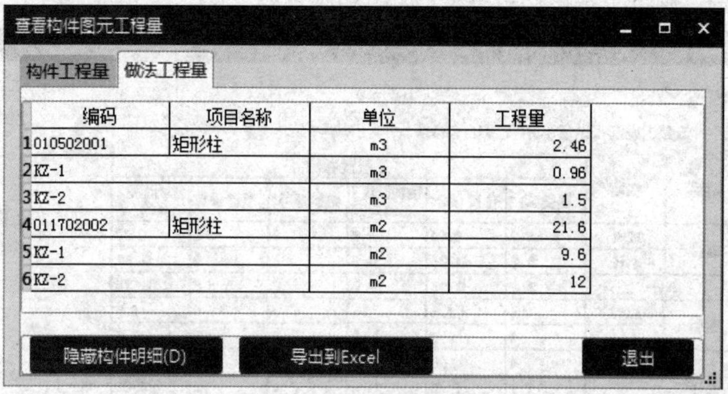

图 9-77　点击“显示构件明细”

（8）“设置分类条件”：构件的某些属性是按照一定尺寸来区分的，点击“尺寸设置”，在尺寸设置窗口进行尺寸设置，比如：将梁按周长 = 1.3m 和 > 1.3m 分别显示，如图 9-78 ~ 图 9-80 所示。

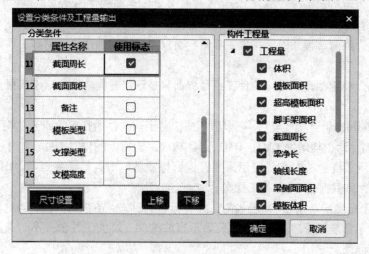

图 9-78　设置分类条件

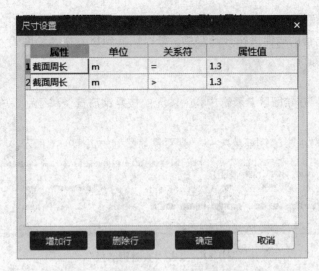

图 9-79 尺寸设置

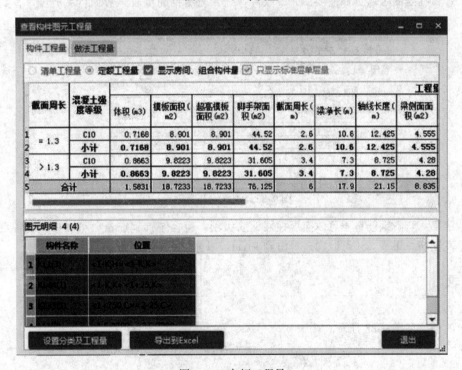

图 9-80 定额工程量

（9）"上移/下移"：可以排列分类条件先后顺序，比如上图分类顺序依次为截面周长、混凝土强度等级。

（10）"导出到 Excel"：可以将当前构件"清单工程量""定额工程量""做法工程量"导出到 Excel 中进行保存或进行二次编辑。

技巧：

1）当发现当前构件工程量有问题需要核对修改时，可双击"图元明细"下对应的构件名称，软件会定位到当前所选构件图元的具体位置，用户再结合动态观察、属性信息、查找关联图元等操作步骤进行查找问题即可。

2) 若需要将整层楼的构件进行分类汇总，可以切换到报表在"绘图输入工程量汇总表"里边进行设置分类条件即可。

3. 查看钢筋量

汇总计算后，需要在绘图区查看选中构件图元的按照钢筋直径和级别汇总的钢筋总量。

操作步骤：

第一步：在菜单栏点击"钢筋量"→"查看钢筋量"，如图9-81所示。

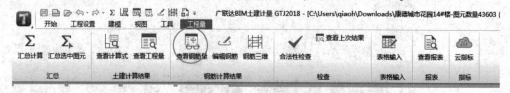

图 9-81　点击"查看钢筋量"

第二步：在绘图区域选择需要图元，软件弹出"查看钢筋量表"界面，完成操作，如图9-82所示。

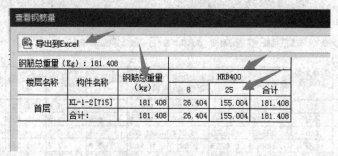

图 9-82　查看钢筋量表

实现结果：查看钢筋量表可以实现按照钢筋级别、直径统计钢筋量；可以按照构件名称统计单独总量及钢筋总重量；还可以实现导出到 Excel，以方便大家统计和整理。

五、报表

报表的模块如图9-83所示。

图 9-83　报表

1. 导出报表

为熟悉 Excel 的用户提供了数据接口，可以将报表中的数据及报表格式导出，可利用 Excel 的强大功能，对数据再加工，以满足更多要求。点击"导出"按钮，选择导出方式即可，如图9-84所示。

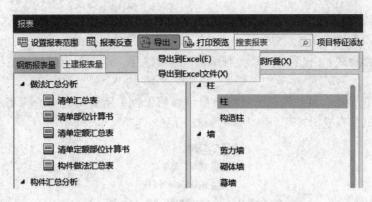

图 9-84　点击"导出"按钮

导出到 Excel：将当前报表导出到 excel 中，并用 excel 打开，需要在 excel 中执行保存。

导出到 Excel 文件：将当前报表导出为 excel 文件，直接保存成 excel 文件，不打开。

导出的文件名默认为：工程名称-当前报表名称，可根据需要进行修改。

2. 钢筋报表分析

软件提供三类钢筋报表：定额指标、明细表、汇总表。

定额指标：定额指标报表中包含三张报表，都是和经济指标有关的报表。这三张报表如图 9-85 所示。

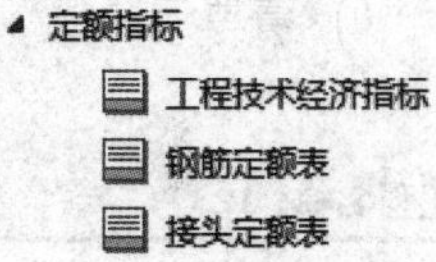

工程技术经济指标：用于分析工程总体的钢筋含量指标，利用这个报表可以对整个工程的总体钢筋量进行大体的分析，根据单方量分析钢筋计算的正确性，如图 9-86 所示。

▲ 定额指标
　🗐 工程技术经济指标
　🗐 钢筋定额表
　🗐 接头定额表

图 9-85　定额指标报表

工程技术经济指标

设计单位：

编制单位：

建设单位：

项目名称：

项目代号：

工程类别：	结构类型：	基础形式：
结构特征：其他	地上层数：13	地下层数：1
抗震等级：一级抗震	设防烈度：8	檐高(m)：51.9
建筑面积(m²)：28766.3	实体钢筋总重(未含措施/损耗/贴焊锚筋)(T)：17.473	单方钢筋含量(kg/m²)：0.607
损耗重(T)：0	措施筋总重(T)：0	贴焊锚筋总重(T)：0

编制人：　　　　　　　审核人：

编制日期：2017-10-10

图 9-86　工程技术经济指标

3. 土建报表分析

软件提供两类报表：做法汇总分析、构件汇总分析，根据标书的不同模式（清单模式、定额模式、清单和定额模式），报表的形式会有所不同，在这里，以清单定额模式进行介绍，其他模式与它类似。

（1）做法汇总分析：做法汇总分析报表显示当前工程中所套用的清单项及定额子目的工程量。清单定额模式的报表一共有5个，如图9-87所示。

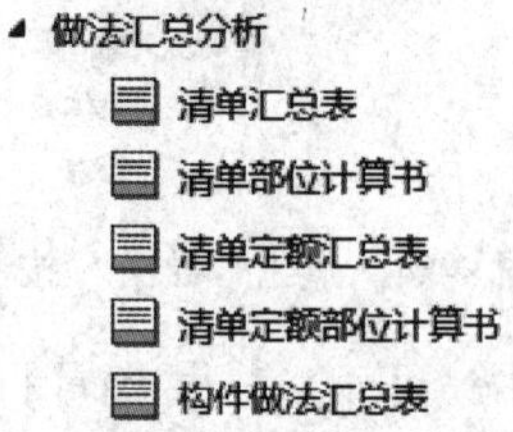

图9-87　清单定额模式报表

1）清单汇总表：所选楼层及构件下的所有清单项及其对应的工程量汇总，如图9-88所示。

清单汇总表

工程名称：123　　　　　　　　　　　　　　　　　　　　　编制日期：2017-10-10

序号	编码	项目名称	单位	工程量
1	010101004001	挖基础土方 1. 土壤类别：详地勘报告 2. 挖土深度：4m以外 3. 弃土运距：根据现场条件自行考虑	m3	32554.2662
2	010103001001	回填方 1. 密实度要求：详设计 2. 填方材料品种：详设计 3. 填方粒径要求：详设计 4. 填方来源、运距：根据现场条件自行考虑	m3	15868.9368
3	010103002001	余方弃置 1. 废弃料品种：余土 2. 运距：根据现场条件自行考虑	m3	16685.3294
4	010401001001	砖基础 1. 砖品种、规格、强度等级：MU10烧结普通砖 2. 基础类型：条基 3. 砂浆强度等级：M5水泥砂浆 4. 防潮层材料种类：两侧及顶面抹厚度20mm的1：2水泥砂浆防潮层	m3	27.7903
5	010502001001	矩形柱 1. 混凝土种类：商品砼 2. 混凝土强度等级：C45	m3	4.7526

图9-88　清单汇总表

2）清单部位计算书：显示每条清单项在所选输入形式/所选楼层及所选构件的每个构件图元的工程量表达式，如图9-89所示。

清单部位计算书

工程名称：123　　　　　　　　　　　　　　　　　　　　　　　　　　编制日期：2017-10-10

序号	编码	项目名称/构件名称/位置/工程量明细		单位	工程量
	010101004001	挖基础土方 1. 土壤类别：详地勘报告 2. 挖土深度：4m以外 3. 弃土运距：根据现场条件自行考虑		m3	32554.2662
		DKW-1	⟨2-528, H-3700⟩	((9.6⟨长度⟩*9.544⟨宽度⟩)*6.8⟨挖土深度⟩)-21.5962⟨扣大开挖⟩	m3	601.4362
			⟨9+2975, C+2000⟩	(2743.6449)⟨底面积⟩*5.7⟨挖土深度⟩	m3	15638.7757
			⟨11-1375, C+2000⟩	(2743.6449)⟨底面积⟩*5.7⟨挖土深度⟩	m3	15638.7757
			⟨16+6328, H-3700⟩	((9.6⟨长度⟩*9.544⟨宽度⟩)*6.8⟨挖土深度⟩)-21.5962⟨扣大开挖⟩	m3	601.4362
			⟨3, C+505⟩⟨5, C+550⟩	(0.6⟨宽度⟩*8.9⟨长度⟩*0.9⟨挖土深度⟩	m3	4.806
			⟨12, F⟩⟨14, F⟩	(0.6⟨宽度⟩*8.6⟨长度⟩*1.6⟨挖土深度⟩	m3	8.256
			⟨3, F+300⟩⟨5, F+300⟩	(0.6⟨宽度⟩*8.6⟨长度⟩*1.6⟨挖土深度⟩	m3	8.256
			⟨2, G⟩⟨3, G⟩	(0.6⟨宽度⟩*8.4⟨长度⟩*0.9⟨挖土深度⟩)-2.2918⟨扣大开挖⟩	m3	2.2442
			⟨2, G⟩⟨2, H⟩	(0.6⟨宽度⟩*8.1⟨长度⟩*0.3⟨挖土深度⟩)-0.486⟨扣大开挖⟩	m3	0.972

图9-89　清单部位计算书

3）清单定额汇总表：汇总所选楼层及构件下的所有清单项及定额子目所对应的工程量汇总，如图9-90所示。

清单定额汇总表

工程名称：123　　　　　　　　　　　　　　　　　　　　　　　　　　编制日期：2017-10-10

序号	编码	项目名称	单位	工程量
1	010101004001	挖基础土方 1. 土壤类别：详地勘报告 2. 挖土深度：4m以外 3. 弃土运距：根据现场条件自行考虑	m3	32554.2662
	1-4 *2	挖三类土 深度1.5m以内 子目乘以系数2	100m3	41.8116
	1-188	反铲挖掘机 挖三类土 自卸汽车运距1km以内	1000m3	37.63
2	010103001001	回填方 1. 密实度要求：详设计 2. 填方材料品种：详设计 3. 填方粒径要求：详设计 4. 填方来源、运距：根据现场条件自行考虑	m3	15868.9368
	1-57	回填土 夯填	100m3	249.2191
3	010103002001	余方弃置 1. 废弃料品种：余土 2. 运距：根据现场条件自行考虑	m3	16685.3294
	1-190 *4	正、反铲挖土自卸汽车运土 每增加1km 子目乘以系数4	1000m3	16.8897
4	010401001001	砖基础 1. 砖品种、规格、强度等级：MU10烧结普通砖 2. 基础类型：条基 3. 砂浆强度等级：M5水泥砂浆 4. 防潮层材料种类：两侧及顶面抹厚度20mm的1：2水泥砂浆防潮层	m3	27.7903
	3-1	M5.0 水泥砂浆砖基础	10m3	2.7779
	7-144	防水砂浆 平面-砖基础	100m2	2.3716
	7-145	防水砂浆 立面-砖基础	100m2	2.7775

图9-90　清单定额汇总表

4）清单定额部位计算书：显示清单项下每条定额子目在所选输入形式/所选楼层及所选构件

的每个构件图元的工程量表达式，如图 9-91 所示。

清单定额部位计算书

工程名称：123   编制日期：2017-10-10

序号	编码	项目名称/构件名称/位置/工程量明细		单位	工程量
1	010101004001	挖基础土方 1. 土壤类别：详地勘报告 2. 挖土深度：4m以外 3. 弃土运距：根据现场条件自行考虑		m3	32554.2662
	1-4 *2	挖三类土 深度1.5m以内 子目乘以系数2		100m3	41.8116
	DKW-1	<2-528,H-3700>	((((11.2<长度>*11.144<宽度>)<底面积>+(20.312<长度>*20.256<宽度>)<顶面积>+(15.756<长度>*15.7<宽度>)<中截面积>*4)*6.8<挖土深度>/6)-951.3398<扣大开挖>)*0.1	100m3	0.7778
		<9+2975,C+2000>	(19993.3876<原始大开挖土方体积>)*0.1	100m3	19.9934
		<11-1375,C+2000>	(19993.3876<原始大开挖土方体积>)*0.1	100m3	19.9934
		<16+6328,H-3700>	((((11.2<长度>*11.144<宽度>)<底面积>+(20.312<长度>*20.256<宽度>)<顶面积>+(15.756<长度>*15.7<宽度>)<中截面积>*4)*6.8<挖土深度>/6)-951.3398<扣大开挖>)*0.1	100m3	0.7778
		<3,C+50><5,C+50>	((2.2<宽度>*9.7<长度>*0.9<挖土深度>))*0.1	100m3	0.0192
		<12,F><14,F>	((2.2<宽度>*8.6<长度>*1.6<挖土深度>))*0.1	100m3	0.0303
		<3,F+300><5,F+300>	((2.2<宽度>*8.6<长度>*1.6<挖土深度>))*0.1	100m3	0.0303
		<2,G><3,G>	((2.2<宽度>*8.4<长度>*0.9<挖土深度>)-10.8494<扣大开挖>)*0.1	100m3	0.0058
		<2,G><2,H>	((2.2<宽度>*8.1<长度>*0.3<挖土深度>)-1.782<扣大开挖>)*0.1	100m3	0.0036

图 9-91　清单定额部位计算书

5）构件做法汇总表：查看所选楼层及所选构件的清单定额做法及对应的工程量和表达式说明，如图 9-92 所示。

构件做法汇总表

工程名称：123   编制日期：2017-10-10

编码	项目名称	单位	工程量	表达式说明
基础层				
一、柱				
KZ-1				
010502001001	矩形柱 1. 混凝土种类：商品砼 2. 混凝土强度等级：C45	m3	0.504	TJ<体积>
4-132	现浇混凝土柱（商品混凝土）C45	10m3	0.0504	TJ<体积>
010903002001	涂膜防水 1. 涂膜厚度、遍数：与土壤接触的砼表面刷沥青冷底子油两遍、沥青胶泥涂层厚度≥500um	m2	3.36	MBMJ<模板面积>
7-126	刷30:70冷底子油 第一遍	100m2	0.0336	MBMJ<模板面积>
7-127	刷30:70冷底子油 第二遍	100m2	0.0336	MBMJ<模板面积>
8-54	沥青胶泥 500um	100m2	0.0336	MBMJ<模板面积>
011702002001	矩形柱	m2	3.36	MBMJ<模板面积>
C2-60	现浇砼模板 矩形柱 复合木模板 钢支撑	100m2	0.0336	MBMJ<模板面积>
C2-68	现浇砼模板 柱支撑高度超过3.6每增加1m 钢支撑	100m2	0	CGMBMJ<超高模板面积>
KZ-2				
010502001001	矩形柱 1. 混凝土种类：商品砼 2. 混凝土强度等级：C45	m3	0.2416	TJ<体积>
4-132	现浇混凝土柱（商品混凝土）C45	10m3	0.0242	TJ<体积>

图 9-92　构件做法汇总表

（2）构件汇总分析：查看整个工程绘图输入下按构件或按楼层统计工程量的表单，一共包含2个报表，如图9-93所示。

▲ 构件汇总分析
　　　📄 绘图输入工程量汇总表
　　　📄 绘图输入构件工程量计算书

图9-93　构件汇总分析

1）绘图输入工程量汇总表：可以查看整个工程绘图输入下构件的工程量，如图9-94所示。

绘图输入工程量汇总表-柱

工程名称：123　　　　　　　　　　　清单工程量　　　　　　　　编制日期：2017-10-10

楼层	名称	结构类别	定额类别	材质	混凝土类型	混凝土强度等级	工程量名称					
							周长(m)	体积(m3)	模板面积(m2)	数量(根)	高度(m)	截面面积(m2)
首层	KZ-1	框架柱	普通柱	现浇混凝土	-	C30	8	3.3	25.274	4	13.2	1
						小计	8	3.3	25.274	4	13.2	1
					小计		8	3.3	25.274	4	13.2	1
				小计			8	3.3	25.274	4	13.2	1
			小计				8	3.3	25.274	4	13.2	1
		小计					8	3.3	25.274	4	13.2	1
	KZ-2	框架柱	普通柱	现浇混凝土	-	C30	13.6	4.62	40.997	8	26.4	1.4
						小计	13.6	4.62	40.997	8	26.4	1.4
					小计		13.6	4.62	40.997	8	26.4	1.4
				小计			13.6	4.62	40.997	8	26.4	1.4
			小计				13.6	4.62	40.997	8	26.4	1.4
		小计					13.6	4.62	40.997	8	26.4	1.4
	TZ	框架柱	普通柱	现浇混凝土	-	C30	2.4	0.264	3.63	2	3.3	0.16
						小计	2.4	0.264	3.63	2	3.3	0.16
					小计		2.4	0.264	3.63	2	3.3	0.16
				小计			2.4	0.264	3.63	2	3.3	0.16
			小计				2.4	0.264	3.63	2	3.3	0.16
		小计					2.4	0.264	3.63	2	3.3	0.16
	小计						24	8.184	69.901	14	42.9	2.56

图9-94　绘图输入工程量汇总表

2）绘图输入构件工程量计算书：可以查看整个工程绘图输入下所选楼层所选构件的工程量计算式，如图9-95所示。

绘图输入构件工程量计算书

工程名称：123　　　　　　　　　清单工程量　　　　　　　编制日期：2017-10-10

序号	图元位置	工程量计算式
首层 - 柱 - KZ-1		
1	⟨1,A-100⟩	柱: KZ-1 周长 = ((0.5⟨长度⟩+0.5⟨宽度⟩)*2) = 2m 体积 = (0.5⟨长度⟩*0.5⟨宽度⟩*3.3⟨高度⟩) = 0.825m3 模板面积 = 6.6⟨原始模板面积⟩-0.23⟨扣梁⟩-0.03⟨扣现浇板⟩ = 6.34m2 数量 = 1 = 1根 高度 = 3.3⟨原始高度⟩ = 3.3m 截面面积 = (0.5⟨长度⟩*0.5⟨宽度⟩) = 0.25m2
2	⟨4,A-100⟩	柱: KZ-1 周长 = ((0.5⟨长度⟩+0.5⟨宽度⟩)*2) = 2m 体积 = (0.5⟨长度⟩*0.5⟨宽度⟩*3.3⟨高度⟩) = 0.825m3 模板面积 = 6.6⟨原始模板面积⟩-0.23⟨扣梁⟩-0.03⟨扣现浇板⟩ = 6.34m2 数量 = 1 = 1根 高度 = 3.3⟨原始高度⟩ = 3.3m 截面面积 = (0.5⟨长度⟩*0.5⟨宽度⟩) = 0.25m2
3	⟨4,C⟩	柱: KZ-1 周长 = ((0.5⟨长度⟩+0.5⟨宽度⟩)*2) = 2m 体积 = (0.5⟨长度⟩*0.5⟨宽度⟩*3.3⟨高度⟩) = 0.825m3 模板面积 = 6.6⟨原始模板面积⟩-0.27⟨扣梁⟩-0.03⟨扣现浇板⟩ = 6.3m2 数量 = 1 = 1根 高度 = 3.3⟨原始高度⟩ = 3.3m 截面面积 = (0.5⟨长度⟩*0.5⟨宽度⟩) = 0.25m2
4	⟨1,C⟩	柱: KZ-1 周长 = ((0.5⟨长度⟩+0.5⟨宽度⟩)*2) = 2m 体积 = (0.5⟨长度⟩*0.5⟨宽度⟩*3.3⟨高度⟩) = 0.825m3 模板面积 = 6.6⟨原始模板面积⟩-0.27⟨扣梁⟩-0.036⟨扣现浇板⟩ = 6.294m2 数量 = 1 = 1根 高度 = 3.3⟨原始高度⟩ = 3.3m 截面面积 = (0.5⟨长度⟩*0.5⟨宽度⟩) = 0.25m2

图 9-95　绘图输入构件工程量计算书

实例1

　　某地要建一座办公楼，采用框架结构，三层，混凝土为泵送商品混凝土，内外墙均为加气混凝土砌块墙，外墙厚250mm，内墙厚200mm，M10混合砂浆。施工图样如图10-1～图10-4所示，已知条件：

　　（1）现浇混凝土（XB1）为C25；板保护层厚度为15mm；通长钢筋搭接长度为25d；下部钢筋锚固长度为150mm；不考虑钢筋理论重量与实际重量的偏差。

　　（2）该工程DJ01独立基础土石方采用人工开挖，三类土；设计室外地坪为自然地坪；挖出的土方用自卸汽车（载重8t）运至500m处存放，灰土在土方堆放处拌和；基础施工完成后，用2:8灰土回填；合同中没有人工工资调整的约定；也不考虑合用中材料的调整。

　　（3）基础回填灰土所需生石灰全部由招标人供应，按120元/t计算，共提供5.92t，并由招标人运至距回填中心500m处；模板工程另行发包，估算价20000元；暂列金额10000元；招标人供应材料按0.5%计取总承包服务费，另行发包项目按2%计取总承包服务费；厨房设备由承包人提供，按3万元计算。

　　根据上述已知的条件采用工料单价法试算：

　　（1）根据图样及已知条件采用工料单价法完成以下计算：XB1钢筋工程量、XB1混凝土工程量、XB1模板工程量。

　　（2）采用工料单价法计算图10-1～图10-4中1#钢筋混凝土楼梯的工程量。

　　（3）根据已知条件和图样采用工料单价法计算：

　　1）DJ01独立基础的挖土方、回填2:8灰土、运输工程量。

　　2）DJ01独立基础挖土方及其运输的工程造价（措施项目中只计算安全生产、文明施工费）。

　　3）DJ01独立基础挖土方、回填2:8灰土、运输的工程造价（不计算措施费）。

　　（4）根据已知条件（3）编制DJ01独立基础的挖土方、回填2:8灰土的工程量清单及分部（分项）工程工程量清单。

　　（5）根据上述已知条件和计算结果，计算回填土的综合单价并完成表10-1～表10-7。

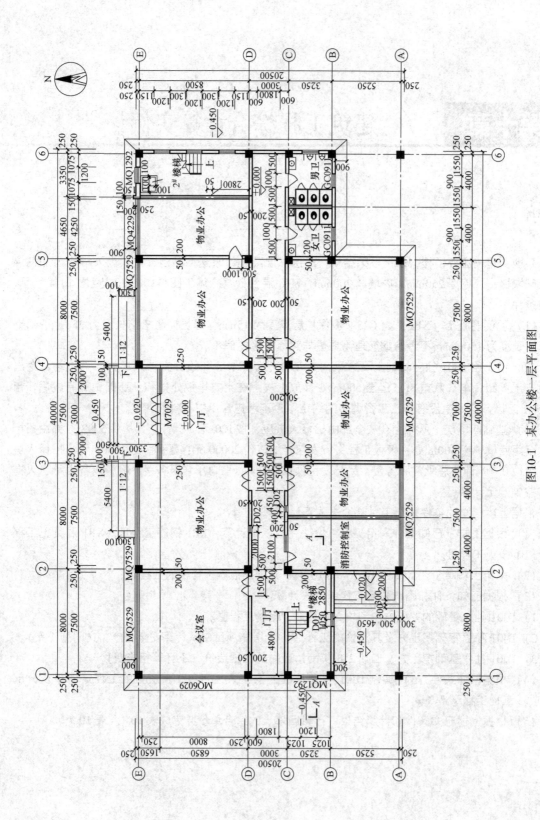

图10-1 某办公楼一层平面图

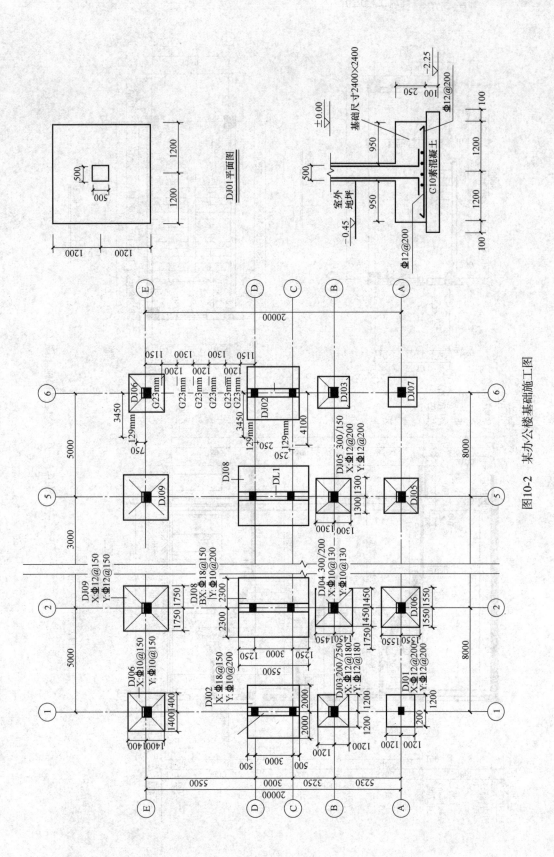

图10-2　某办公楼基础施工图

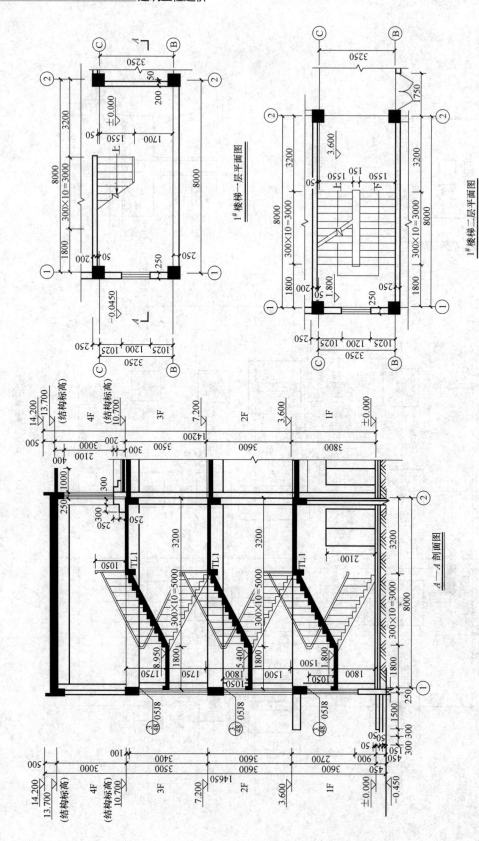

图10-3 某办公楼楼梯施工图（一）

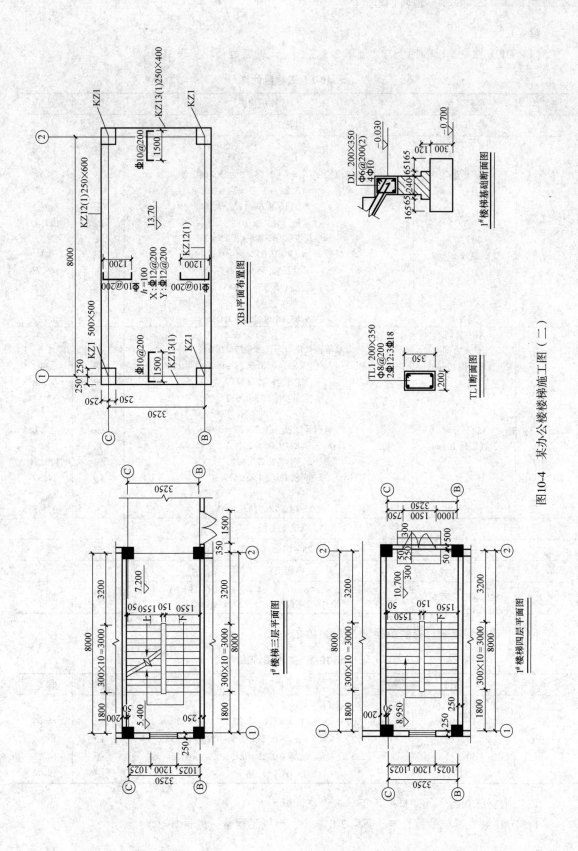

图10-4 某办公楼楼梯施工图（二）

解：

（1）DJ01 独立基础的挖土方、回填 2:8 灰土、运输工程量，见表 10-1。

表 10-1　工程量计算

序号	项目名称	计算过程	单位	结果
一、钢筋工程				
1	XB1 下部钢筋： （1）X 方向 3 级直径 12mm	单根长度：$l_1 = 8 + 0.15 \times 2 + 25 \times 0.012$	m	8.6
		根数：$n_1 = (3.25 - 0.05 \times 2) \div 0.2 + 1$	根	17
		总长：8.6×17	m	146.2
		重量：146.2×0.888	kg	129.83
	（2）Y 方向 3 级直径 12mm	单根长度：$l_2 = 3.25 + 0.15 \times 2$	m	3.55
		根数：$n_2 = (8 - 0.05 \times 2) \div 0.2 + 1$	根	41
		总长：3.55×41	m	145.55
		重量：145.55×0.888	kg	129.25
	（3）小计	$(129.83 + 129.25) \times 1.03$	t	0.227
2	XB1 负筋 （1）X 方向 3 级直径 10mm	单根长度：$l_3 = 1.5 + 27 \times 0.01$	m	1.7
		根数：$n_3 = [(3.25 + 0.05 \times 2) \div 0.2 + 1] \times 2$	根	34
		总长：1.77×34	m	60.18
		重量：60.18×0.617	kg	37.13
	（2）Y 方向 3 级直径 10mm	单根长度：$l_4 = 1.2 + 27 \times 0.01$	m	1.47
		根数：$n_4 = [(8 - 0.05 \times 2) \div 0.2 + 1] \times 2$	根	82
		总长：1.47×82	m	120.54
		重量：120.54×0.617	kg	74.37
	（3）小计	$(37.13 + 74.37) \times 1.03$	t	0.115
二、混凝土工程				
1	XB1 板混凝土工程量	$(8 \times 3.25 - 0.25 \times 0.25 \times 4) \times 0.1$	m³	2.58
三、模板工程				
1	XB1 模板工程量	$8 \times 3.25 - 0.25 \times 0.25 \times 4 + (3.25 - 0.25 \times 2)$ $\times 0.1 \times 2 + (8 - 0.25 \times 2) \times 0.1 \times 2$	m²	27.80

（2）1# 钢筋混凝土楼梯的工程量，见表 10-2。

表 10-2　工程量计算

序号	项目名称	计算过程	单位	结果
1	1 * 楼梯工程量 （1）一层	$(4.8 + 0.2) \times 3.3 - 0.2 \times 1.6 - 0.25 \times 0.3 - 0.25 \times 0.25$	m²	16.04
	（2）二层	$3.3 \times (4.8 + 0.2) - 0.25 \times 0.3 - 0.25 \times 0.25$	m²	16.36
	（3）三层	$3.3 \times (4.8 + 0.2) - 0.25 \times 0.3 - 0.25 \times 0.25$	m²	16.36
2	合计	$16.04 + 16.36 \times 2$	m²	48.76

（3）根据已知条件和图样采用工料单价法计算：

1）DJ01 独立基础的挖土方、回填 2:8 灰土、运输工程量，见表 10-3。

表 10-3　DJ01 独立基础的挖土方、回填 2:8 灰土运输工程量计算

序号	项目名称	计算过程	单位	结果
1	DJ01 挖土方 2:8 回填土 运输工程量	 $V = H(a + 2c + KH)(b + 2c + KH) + \dfrac{1}{3}K^2H^3$ 或　$V = \dfrac{1}{3}H(S_1 + S_2 + \sqrt{S_1 S_2})$ V——挖土体积；H——挖土深度；K——放坡系数； a——垫层底宽；b——垫层底长；c——工作面； $\dfrac{1}{3}K^2H^3$——基坑四角的角锥体积； S_1——上底面积；S_2——下底面积。 $H = 2.25 - 0.45$ $V = 1.8 \times (2.6 + 2 \times 0.3 + 0.33 \times 1.8) \times (2.6 + 2 \times 0.3 + 0.33 \times 1.8) + 1/3 \times 0.33^2 \times 1.8^3$ 扣垫层：$2.6 \times 2.6 \times 0.1$ 扣独立基础：$2.4 \times 2.4 \times 0.25$ 扣柱：$0.5 \times 0.5 \times (1.8 - 0.1 - 0.25)$ 小计：$0.68 + 1.44 + 0.36$ 回填 2:8 灰土：$26.12 - 2.48$ 土方外运 灰土回运	 m m³ m³ m³ m³ m³ m³ m³ m³	 1.8 26.12 0.68 1.44 0.36 2.48 23.64 26.12 23.64

2）DJ01 独立基础挖土方及其运输的工程造价，见表 10-4。

表 10-4　DJ01 独立基础的挖土方及运输造价

序号	定额编号	项目名称	单位	数量	单价/元			合价/元		
					小计	人工费	机械费	合计	人工费	机械费
1	A1-4	DJ01 基础挖土方（三类土）	100m³	0.26	1620.09	1620.09	—	421.22	421.22	—
2	A1-163	自卸汽车（载重 8t）外运土方 500m	1000m³	0.03	7901.43		7901.43	237.04	—	237.04
3		小计						658.26	421.22	237.04
4		直接费						658.26		
5		其中：人工费 + 机械费						658.26		
6		安全生产、文明施工费		3.55%				23.37	—	
7		合计						681.63		
8		其中：人工费 + 机械费						658.26		
9		企业管理费		17%				111.90		
10		利润		10%				65.83		
11		规费		25%				164.57		
12		合计						1023.93		
13		税金		3.48%				35.63		
14		工程造价						1059.56		

3）DJ01 独立基础挖土方、回填 2:8 灰土、运输的工程造价，见表 10-5。

表 10-5　DJ01 独立基础的挖土方、回填 2:8 灰土、运输工程造价

序号	定额编号	项目编码	单位	数量	单价/元			合价/元		
					小计	人工费	机械费	合计	人工费	机械费
1		基础挖土方（三类）	100m³	0.26	1620.09	1620.09	—	421.22	421.22	—
2		2:8 灰土回填	100m³	0.24	7619.09	2434.60	250.64	1828.58	584.30	60.15
3		自卸汽车（载重 8t）外运土方 500m	1000m³	0.03	7901.43	—	7901.43	237.04		237.04
4		小计						2486.84	1005.52	279.19
5		直接费						2486.84		
6		起重工：人工费+机械费						1302.71		
7		企业管理费		17%				221.46		
8		利润		10%				130.27		
9		规费		25%				325.68		
10		合计						3164.25		
11		税金		3.48%				110.12		
12		工程造价						3274.37		

（4）DJ01 独立基础的挖土方、回填 2:8 灰土的工程量清单及分部（分项）工程工程量清单，见表 10-6、表 10-7。

表 10-6　工程量清单计价

序号	项目名称	计算过程	单位	结果
1	基础挖土方	2.6×2.6×1.8	m³	12.17
2	2:8 灰土回填	12.17−2.48	m³	9.69

表 10-7　分部（分项）工程工程量清单计价

序号	项目编码	项目名称	项目特征	计量单位	工程数量	金额/元	
						综合单价	合价
1	0101010003001	挖基础土方	1. 三类土 2. 钢筋混凝土独立基础 3. C10 混凝土垫层，底面积:6.76m² 4. 挖土深度:1.8m 5. 弃土运距:500m	m³	12.17	—	—
2	010103001001	2:8 灰土基础回填	1. 2:8 灰土 2. 夯实 3. 运距:500m	m³	9.69	—	—
—	—	本页小计	—	—	—	—	—
—	—	合计	—	—	—	—	—

（5）回填土的综合单价，见表 10-8~表 10-14。

表 10-8　工程项目总价

序号	名称	金额/元
1	合计	43253
1.1	工程费	13253
1.2	设备费	30000
—	合计	43253

表 10-9　单位工程费汇总

序号	名称	计算基数	费率(%)	金额/元	其中/元		
					人工费	材料费	机械费
1	合计	—	—	13253	520	725	175
1.1	分部(分项)工程工程量清单计价合计	—	—	2203.28	520.06	725.10	175.29
1.2	措施项目清单计价合计	—	—	—	—	—	—
1.3	其他项目清单计价合计	—	—	10403.55	—	—	—
1.4	规费	802.48	25	200.62	—	—	—
1.5	税金	12807.45	3.48	445.70	—	—	—
—	合计	—	—	13253.15	520	725	175

表 10-10　分部(分项)工程工程量清单计价

序号	项目编码	项目名称	项目特征	计量单位	工程数量	金额/元	
						综合单价	合价
1	010103001001	2:8 灰土基础回填	1. 2:8 灰土 2. 夯实 3. 运距:500m	m³	9.69	227.37	2203.28
—	—	本页小计					2203.28
—	—	合计					2203.28

表 10-11　其他项目清单与计价

序号	项目名称	金额/元
1	暂列金额	10000
2	暂估价	—
2.1	材料暂估价	—
2.2	设备暂估价	—
2.3	专业工程暂估价	—
3	总承包服务费	403.55
4	计日工	—
—	本页小计	10403.55
—	合计	10403.55

表 10-12　总承包服务费计价

序号	项目名称	项目金额	费率(%)	金额/元
1	招标人另行发包专业工程			
1.1	模板工程	20000	2	400
1.2				
	小计			
2	招标人供应材料、设备			
2.1	生石灰	710.4	0.5	3.55
2.2				
	合计			403.55

表 10-13　招标人供应材料、设备明细

序号	名称	规格型号	单位	数量	单价/元	合价/元	质量等级	供应时间	送达地点	备注
1	材料	—	—	—	—	—	—	—	—	
	生石灰		t	5.92	120	710.4	—	—	—	

（续）

序号	名称	规格型号	单位	数量	单价/元	合价/元	质量等级	供应时间	送达地点	备注
2	设备	—	—	—	—	—	—	—	—	—
	小计									
	合计	—	—	—	—	710.4				

表10-14 分部（分项）工程工程量清单综合单价分析

序号	项目编码（定额编号）	项目名称	单位	数量	综合单价/元	合价/元	综合单价组成/元			
							人工费	材料费	机械费	管理费和利润
	010103001001	2:8 灰土基础回填 1. 2:8 灰土 2. 夯实 3. 运距:500m	m³	9.69	227.37	2203.28	60.30	122.20	22.52	22.36
1	A1-163	回运 2:8 灰土运距 1000m 以内取土距离50m	1000m³	0.02	7901.43	158.03			158.03	39.51
2	A1-42	2:8 灰土基础回填	100m³	0.24	7619.09	1828.58	584.30	1184.12	60.15	161.11
		小计				1986.61	584.30	1184.12	218.18	200.62
		直接费				1986.61				
		其中:人 + 机				802.48				
		管理费和利润				216.67				
		合计				2203.28				

实例2

（1）某车间施工图（非房地产项目），如图10-5～图10-14所示，2013年8月10日开工，计算该工程的建筑面积。

（2）根据图10-5～图10-14，按照工料单价法计算以下内容：

1）外墙保温项目工程量（不计算门、窗、洞口侧壁的工程量，不扣除两棚、钢楼梯所占的面积）。

2）外墙保温项目造价（不计算措施项目费用，按包工包料费率计算）。

（3）已知：上部纵筋弯钩长度15d，下部纵筋锚固长度12d，端支座上部加筋伸出支座长度$Ln/5$，中间支座上部加筋伸出支座长度$Ln/3$（第一排），$Ln/4$（第二排），搭接长度36d、构造钢筋的锚固长度15d、构造钢筋的拉筋为$\phi6@300$。根据图10-5～图10-14和上述已知条件，按照工料单价法计算标高5.950m梁L13钢筋工程量。

（4）根据图10-5～图10-14，编制标高5.950m梁L13中$\Phi22$钢筋制作安装工程量清单。

（5）已知：招标人供应$\Phi22$钢筋50kg，统一按4000元/t计算；余下的钢筋由承包人购买，承包人按4050元/t报价。由承包人购买开水炉设备3台，每台开水炉设备费6000元。门窗另行发包，估算价30万元，招标人供应材料按0.6%计取总承包服务费，另行发包项目按3%计取总承包服务费，暂列金额50万元。根据图10-5～图10-14、第（4）题结果和以上已知条件，计算标高5.950m梁L13中Φ22钢筋制作安装综合单价，并完成表需要填写或计算的内容，计算出合计金额（不计算措施项目费用，按包工包料费率计算）。

（6）已知：合同约定钢筋材料价格变动±2%以内（含±2%）时，综合单价不变；超过时，超过部分用差价调整综合单价，招标文件没有明确，合同中也没有约定钢筋的基期价格、现行价格，该工程投标截止日期前20日内Φ22钢筋价格为4450元/t（到现场价）；施工期Φ22钢筋价格为4550元/t（到现场价）。

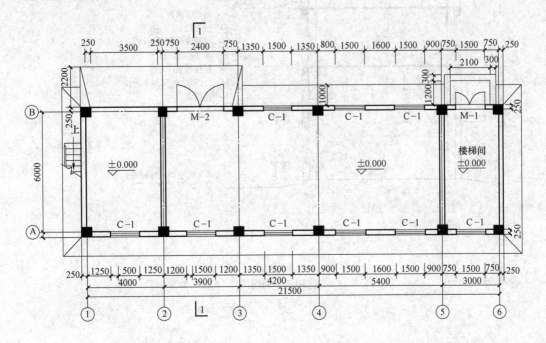

图 10-5　一层平面图

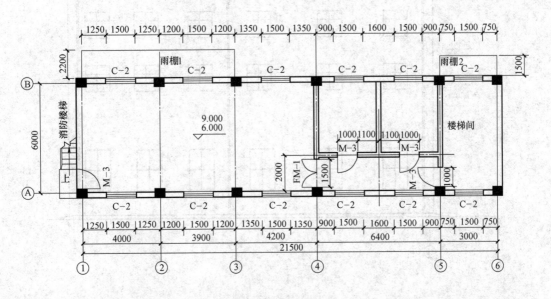

图 10-6　二层平面图

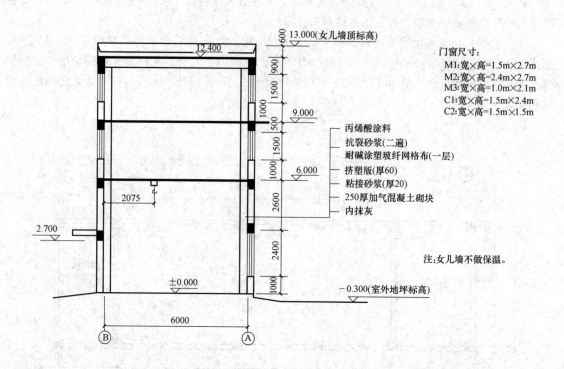

图 10-7　剖面图

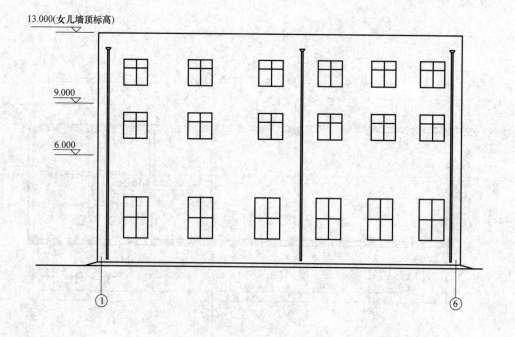

图 10-8　立面图

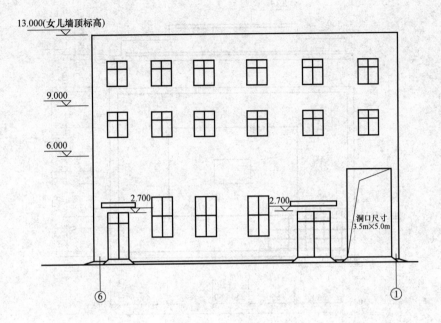

图 10-9　立面图

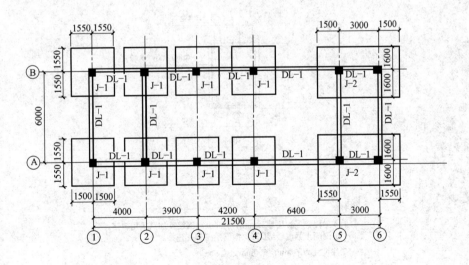

图 10-10　基础平面布置图

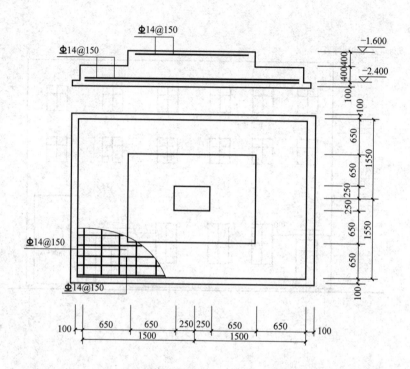

图 10-11　基础详图

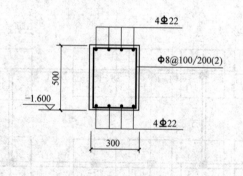

说明：

1. 本工程梁保护层厚25mm，上部纵向钢筋及加筋采用弯锚，
梁混凝土强度等级C30，钢筋手工绑扎连接。

2. 柱尺寸为500mm×500mm。

3. 地梁(DL-1)以上到±0.000采用水泥砖砌筑，厚250mm。

4. 本工程按三级抗震等级设计。

5. 本工程除标高以米计外，其余均以毫米为单位。

6. 本工程结构设计采用11G101-1图集。

图 10-12　梁配筋详图

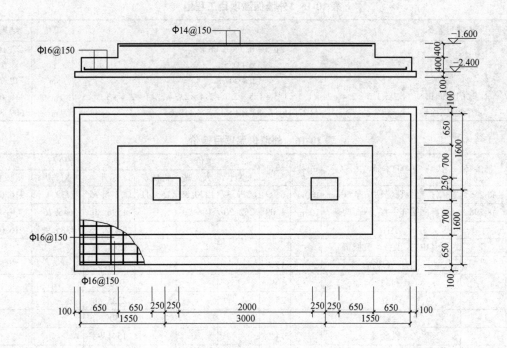

图 10-13　J-2 基础详图

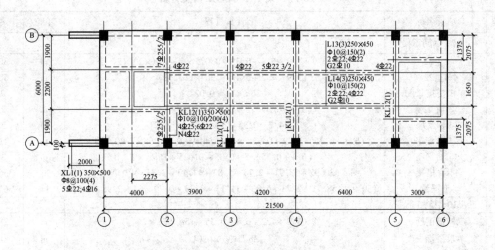

图 10-14　梁配筋图

解:

(1) 工程的建筑面积:

$(21.5 + 0.25 \times 2 + 0.02 \times 2 + 0.06 \times 2) \times (6 + 0.25 \times 2 + 0.02 \times 2 + 0.06 \times 2) \times 3 + 2.2 \times 7.9/2$

$= 442.76 + 8.69$

$= 451.45 (\text{m}^2)$

(2) 外墙保温项目工程量见表 10-15 和表 10-16。

表 10-15　外墙保温项目工程量

序号	项目名称	计算过程	单位	结果
1	长度	$21.5 + 0.5 + 0.08 \times 2$	m	22.16
2	宽度	$6 + 0.5$	m	6.5
3	高度	$12.4 + 0.3$	m	12.7
4	门窗洞口	$9 \times 1.5 \times 2.4 + 24 \times 1.5 \times 1.5 + 1.5 \times 2.7 + 2.4 \times 2.7 + 2 \times 1 \times 2.1 + 3.5 \times 5$	m²	118.63
5	保温工程量	$(22.16 + 6.5) \times 2 \times 12.7 - 118.63$	m²	609.33

表 10-16　外墙保温项目造价

序号	定额编号	项目名称	单位	数量	单价/元 小计	单价/元 人工费	单价/元 机械费	合价/元 小计	合价/元 人工费	合价/元 机械费
1	A8-266	外墙挤塑板保温粘贴厚60mm	100m²	6.09	6219.37	1270.80	150.41	37875.96	7739.17	916.00
2	A8-298	玻纤网络布一层,抹面两遍	100m²	6.09	262.20	106.20	—	1596.80	646.76	—
		小计						39472.76	8385.93	916.00
		其中:人工费 + 机械费						9301.93		
		企业管理费		17%				1581.93		
		利润		10%				930.19		
		规费		25%				2325.48		
		合计						44309.76		
		税金		3.48%				1541.98		
		工程造价						45851.74		

（3）梁 L13 钢筋工程量计算，见表 10-17。

表 10-17　梁 L13 钢筋工程量计算

序号	项目名称	计算过程	单位	结果
	一、Φ22 钢筋工程量			
1	2Φ22	$(3.9 + 4.2 + 6.4 + 0.35 - 0.025 \times 2 + 15d \times 2) \times 2$	m	30.92
2	4Φ22	$(3.9 + 4.2 + 6.4 - 0.35 + 12d \times 2) \times 4$	m	58.71
3	单根搭接长度	$36d = 36 \times 0.022$	m	0.79
4	②轴支座	$[(3.9 - 0.35)/5 + 0.35 - 0.025 + 15d] \times 2$	m	2.73
5	③轴支座	$[(4.2 - 0.35)/3 \times 2 + 0.35] \times 2$	m	5.83
6	④轴支座	$[(6.4 - 0.35)/3 \times 2 + 0.35] \times 1 + [(6.4 - 0.35)/4 \times 2 + 0.35] \times 2$	m	11.13
7	⑤轴支座	$[(6.4 - 0.35)/5 + 0.35 - 0.025 + 15d] \times 2$	m	3.73
8	不含搭接	$(30.92 + 58.71 + 2.73 + 5.83 + 11.13 + 3.73) \times 2.98$	kg	336.889
	工程量	$(30.92 + 58.71 + 2.73 + 5.83 + 11.13 + 3.73 + 0.79 \times 6) \times 2.98 \times 1.03$	kg	361.545
	二、φ10 钢筋工程量			
1	构造钢筋	$(3.9 + 4.2 + 6.4 - 0.35 + 15d \times 2) \times 2$	m	28.90
2	单根搭接长度	$36d = 36 \times 0.01$	m	0.36
3	箍筋单根长度	$(0.25 + 0.45) \times 2 - 8 \times 0.025 + 26.55d$	m	1.47
4	箍筋根数	$(3.9 + 4.2 \div 6.4 - 0.05 \times 2) \div 0.15 + 1$	根	97
5	不含搭接	$(20.90 + 1.47 \times 97) \times 0.617$	kg	105.81
6	工程量	$(28.90 + 0.36 \times 2 + 1.47 \times 97) \times 0.617 \times 1.03$	kg	109.44
	三、φ6 钢筋工程量			
1	单根长度	$(0.25 + 0.45) \times 2 - 8 \times 0.025 + 26.55d$	m	1.36
2	根数	$(3.9 + 4.2 + 6.4 - 0.05 \times 2) \div 0.3 + 1$	根	49
3	不算损耗工程量	$1.36 \times 49 \times 0.222$	kg	14.39
4	工程量	$1.36 \times 49 \times 0.222 \times 1.03$	kg	15.24

（4）外墙保温项目工程量，见表 10-18。

表 10-18　钢筋制作安装工程量清单

序号	项目编码	项目名称	项目特征	计量单位	工程数量	金额/元	
						综合单价	合价
1	010515001001	现浇混凝土钢筋制作安装	钢筋直径22	t	0.337	/	/
2	010515001002	现浇混凝土钢筋制作安装	钢筋直径10	t	0.106	/	/
3	010515001003	现浇混凝土钢筋制作安装	钢筋直径6	t	0.015	/	/
						/	/
						/	/
						/	/
						/	/
						/	/
/	/		本页小计	/	/	/	/
/	/		合计	/	/	/	/

（5）工程项目总价表，见表 10-19～表 10-25。

表 10-19　工程项目总价

序号	名称	金额/元
1	合计	546433
1.1	工程费	528433
1.2	设备费	18000
/	合计	546433

表 10-20　单位工程费汇总

序号	名称	计算基数	费率(%)	金额/元	其中/元		
					人工费	材料费	机械费
1	合计	/	/	528433	112	1437	35
1.1	分部(分项)工程工程量清单计价合计	/	/	1624.21	111.88	1437.46	35.17
1.2	措施项目清单计价合计	/	/	/	/	/	/
1.3	其他项目清单计价合计	/	/	509001.2	/	/	/
1.4	规费	147.05	25	36.76	/	/	/
1.5	税金	510662.17	3.48	17771.04	/	/	/
/	合计	/	/	528433.21	112	1437	35

表 10-21　分部（分项）工程工程量与计价

序号	项目编码	项目名称、特征	计量单位	工程数量	金额/元	
					综合单价	合价
3	010515001001	现浇混凝土钢筋制作安装Φ22	t	0.337	4819.62	1624.21
/	/	本页小计	/	/	/	1624.21
/	/	合计	/	/	/	1624.21

表 10-22 其他项目清单与计价

序号	项目名称	金额/元
1	暂列金额	500000
2	总承包服务费	9001.2
2.1	另行发包项目 300000×3%	9000
2.2	招标人供应材料 0.05×4000×0.6%	1.20
/	本页小计	509001.2
/	合计	509001.2

表 10-23 招标人供应材料、设备明细

序号	名称	规格型号	单位	数量	单价/元	合价/元	质量等级	供应时间	送达地点
1	材料	/	/	/	/	/	/	/	/
1.1	钢筋	Φ22	t	0.05	4000	200			
	小计	/	/	/	/	200	/	/	/
2	设备								
	小计	/	/	/	/		/	/	/
	合计	/	/	/	/	200	/	/	/

表 10-24 主要材料、设备

序号	编码	名称	规格型号	单位	数量	单价/元	合价/元
1		材料	/	/	/	/	/
/	/	/	/	/	/	/	/
2		设备	/	/	/	/	/
2.1	/	开水炉	/	台	3	6000	18000
	/						
		小计	/	/	/	/	18000
		合计	/	/	/	/	18000

表 10-25 分部（分项）工程工程量清单综合单价

序号	项目编码（定额编号）	项目名称、特征	单位	数量	综合单价（基价）/元	合价/元	综合单价组成/元				
							人工费	材料费	机械费	管理费	利润
	010515001001	现浇混凝土钢筋制作安装Φ22	t	0.337	4879.62	1624.21	331.98	4265.45	104.37	74.18	43.64
	4—332	现浇混凝土钢筋制作安装Φ22	t	0.287	5227.04	1500.16	331.98	4672.87	104.37	74.18	43.64
		差价调整（4050—4450）	t	0.287	−400	−114.80		−400			
	4—332	现浇混凝土钢筋制作安装Φ22	t	0.05	5227.04	1500.16	331.98	4672.87	104.37	74.18	43.64
		差价调整（4000—4450）	t	0.05	−450	−22.50		−450			

（6）综合单价分析表，见表10-26。

表10-26　综合单价分析

序号	项目编码 （定额编号）	项目名称特征	单位	数量	单价/差价 /元	合价 /元	综合单价组成/元				
							人工费	材料费	机械费	管理费	利润
1	010515001001	现浇混凝土钢筋Φ22 制作安装	t	0.337	5238.04	1503.87	331.98	4683.87	104.37	74.18	43.64
	4—332	现浇混凝土钢筋Φ22 制作安装	t	0.337	5227.04	1500.16	331.98	4672.87	104.37	74.18	43.64
		差价调整（100—89）	t	0.337	+11	+3.71		+11			

参 考 文 献

[1]　中华人民共和国住房和城乡建设部，中华人民共和国国家质量监督检验检疫总局 . 建设工程工程量清单计价规范：GB 50500—2013 ［S］. 北京：中国计划出版社，2013.

[2]　马瑞强，等 . 钢结构构造与识图 ［M］. 北京：人民交通出版社，2015.

[3]　关瑞，等 . 装配式混凝土结构 ［M］. 武汉：武汉大学出版社，2018.

[4]　杨庆丰 . 建筑工程招投标与合同管理 ［M］. 北京：机械工业出版社，2012.

[5]　本书编委会 . 建设工程造价案例分析 ［M］. 北京：中国城市出版社，2014.